Riesgo por impacto de asteroide en la Comunidad Valenciana

Riesgo por impacto de asteroide en la Comunidad Valenciana

Samuel Siewert Pérez

McGraw Hill | AULAMAGNA
PROYECTO CLAVE

Riesgo por impacto de asteroide en la Comunidad Valenciana

Primera edición: 2024

ISBN: 9788410066601
ISBN eBook: 9788410458499
Depósito Legal: SE 2718-2024

Impreso en España – Printed in Spain

Índice

1

Introducción

Imagina una noche despejada en la Comunidad Valenciana. Las estrellas brillan en el cielo y el mar Mediterráneo susurra en tu ventana. Pero ¿qué pasaría si de repente, en medio de esta tranquilidad, un visitante inesperado y potencialmente devastador entrara en escena? Los asteroides, esas rocas espaciales que atraviesan nuestro sistema solar, son una amenaza lejana pero real. ¿Estamos preparados para enfrentar un evento de tal magnitud?

A lo largo de la historia, los asteroides han dejado su marca en la Tierra, moldeando no solo su superficie sino también el destino de sus habitantes. ¿Podría la Comunidad Valenciana, con sus playas doradas y ciudades vibrantes, ser el próximo escenario de uno de estos eventos cósmicos? ¿Qué implicaría un impacto de asteroide en esta región? ¿Cómo reaccionarían sus habitantes, sus autoridades y sus sistemas de emergencia?

Este libro te llevará a través de un viaje fascinante y preocupante a la vez, explorando el riesgo que representan los asteroides para la Comunidad Valenciana. Analizaremos desde las probabilidades de impacto hasta las posibles estrategias de mitigación y respuesta. A medida que avanzas, te encontrarás cuestionando no solo la seguridad de nuestra comunidad sino también la fragilidad de nuestro planeta en el vasto universo.

Prepárate para adentrarte en un tema que, aunque parece sacado de una película de ciencia ficción, es tan real como las estrellas que iluminan nuestras noches. ¿Estás listo para descubrir los secretos y peligros que podrían estar acechando en el espacio, justo por encima de nuestras cabezas?

2

Objetivos

Para intentar minimizar los daños de un posible impacto, este libro no solo te informará sobre la amenaza, sino que también intentará crear un plan detallado de acción. A medida que profundizamos en el riesgo que representan los asteroides, también exploraremos las estrategias y medidas que la Comunidad Valenciana puede adoptar para proteger a su población y su infraestructura.

¿Qué se puede hacer desde hoy para estar mejor preparados mañana? ¿Cómo pueden las autoridades, científicos y ciudadanos colaborar en la creación de un plan de contingencia eficaz? Este libro se enfocará en proporcionar respuestas a estas preguntas cruciales.

2.1. Objetivos generales

- Establecer los fundamentos del riesgo.
- Analizar el riesgo.
- Hacer una estructuración y organización de la emergencia.
- Establecer una operatividad.
- Dar relevancia e importancia al riesgo.
- Informar sobre el riesgo.

2.2. Específicos

- Se establecerán los fundamentos del riesgo a través de una introducción que determinará un pequeño resumen del riesgo. Estableciendo, además, los objetivos del plan, el marco legal y estableciendo unos términos necesarios para comprender el plan.
- Se hará un análisis del riesgo a través de la fórmula riesgo es igual a vulnerabilidad por peligrosidad por exposición «R=VxPxE» y se especificará cómo sería el impacto si esto sucediera.
- Para estructurar y organizar la emergencia se hará una clasificación esquemática de la organización del plan, se determinarán las fases de preemergencia, emergencia y vuelta a la normalidad, se determinará la estructura a seguir y se determinará la función y la composición de las unidades básicas.
- Este plan pretende dar importancia al mismo a través de la formación y divulgación del mismo.
- Se pretende dar una información verídica y útil sobre dicho riesgo sacando los datos de entidades gubernamentales o que estén en colaboración con ellas.
- Se hará un plan centrándose en la Comunidad Valenciana, analizando y sacando todos los datos relevantes de la emergencia y estructurando en el plan.

3

Justificación

3.1. Análisis y contexto de la realidad

El riesgo por impacto de asteroide no está bien estudiado a nivel estatal en planificación de emergencias, por lo tanto, si este riesgo ocurre, al no haber planificación, no habría ningún documento de apoyo en el que basar la emergencia, por lo tanto, habría caos y, entonces, se daría una situación que provocará más muertes de las debidas.

3.2. Justificación del proyecto: beneficios que conlleva realizarlo

Realizar plan en el que se establecen los fundamentos que conlleva el riesgo por impacto de asteroides, un análisis de este riesgo, una estructura y organización de cómo se debe actuar y una operatividad, conlleva a que todo esté ordenado y estructurado, de tal forma que en este tipo de situación no haya pánico a nivel de planificación y emergencias, pudiendo actuar de manera rápida y eficaz, salvando la mayor cantidad de vidas posible.

3.3. Fundamentación normativa

Este plan se realizará como plan especial, ya que, como dice el marco normativo en planificación de emergencias y protección civil norma básica (decreto 407/1992, de 24 de abril): «Los Planes Especiales se elaborarán para hacer frente a los riesgos específicos cuya naturaleza requiera una metodología técnico-científica adecuada para cada uno de ellos».

3.3.1. Responsabilidad estatal

Por ello se ha considerado que el riesgo por impacto de asteroide es un riesgo específico y requiere una metodología técnico-científica adecuada para la protección de la ciudadanía.

Se ha realizado el trabajo en la Comunidad Valenciana, aunque no haya plan especial estatal, ya que se quiere centralizar el proyecto en una Comunidad Autónoma en concreto, dando por supuesto que el plan especial a nivel estatal ya ha sido creado y aprobado.

Por lo tanto, si este proyecto se quisiese implantar a día de hoy se tendría que modificar y aplicar como un protocolo de actuación autonómico.

Aun así, este proyecto quiere demostrar que es un riesgo específico y requiere una metodología técnico-científica para su resolución y, por lo tanto, se debe estudiar el hecho de hacer del riesgo por impacto de asteroide un plan especial a nivel estatal.

3.3.2. Responsabilidad europea

Por otro lado, la Agencia Espacial Europea tiene el papel de

> proporcionar información fáctica y fiable con la que la comunidad científica, las entidades políticas y las agencias nacionales de gestión de desastres en los Estados miembros puedan tomar decisiones informadas. La respuesta real a la amenaza será tarea

de los organismos de respuesta de emergencia de los Estados miembros.

La distribución de información se maneja estrictamente en colaboración con los organismos nacionales o internacionales de los Estados miembros.

Por lo tanto, es competencia nacional preparar y planificar su respuesta ante este riesgo cosa que de momento no se ha hecho.

3.3.3. Marco teórico

Mark McCaughrean es un asesor científico senior de la ESA (Agencia Espacial Europea) y uno de los responsables de comunicar los avances que se producen en la agencia espacial y, según él, en una entrevista de cuando visitó la sede de la Fundación BBVA en Madrid, en un artículo sacado de La Voz Digital, dice:

> Los impactos de asteroides no ocurren cada día. Como estos objetos caen cada millón de años nadie ha visto uno, así que se piensa que no son reales. Vale, puedes medirlos, puedes presentar los datos, avisar de que va a pasar, pero como no pasó ayer y no ocurrirá en una generación, nadie se lo toma en serio. Sabes, es un problema de los humanos, somos malos en escalas largas de tiempo. Puedes medirlo, pero no lo sientes.

A lo que después añadió:

> Pero aún entonces, dirás, vale, tiene una posibilidad entre 100 de golpear contra la Tierra. Pero ¿cómo piensan los seres vivos en los riesgos? «En 100 años hay una probabilidad de que mueras entre 100. ¡Bah, eso no va a ocurrir!». Sin embargo, misteriosamente la gente compra billetes de lotería, ¿no? ¿Cuáles son las probabilidades de que les toque? Los humanos son muy raros en lo que se refiere a los números. Cuando es algo que quieren, tienen en cuenta una proba-

bilidad de uno entre un millón. Pero cuando es algo que no quieren, creen que nunca les va a ocurrir.

3.3.4. Viabilidad del proyecto

No todos los asteroides son del tipo que acaban con toda la raza humana, los últimos asteroides que han impactado contra la tierra son de un tamaño pequeño. Los asteroides que se dirigen a la tierra normalmente se pueden predecir con bastante tiempo, aunque hay algunos más pequeños que solo se pueden predecir un par de horas antes de su impacto, por lo tanto, tener un plan al que se pueda recurrir en caso de que suceda este riesgo aceleraría el tiempo de respuesta que daría la Comunitat Valenciana.

4

Análisis previo de la situación

El problema principal de este proyecto es que no hay ninguna base de la que partir, ya que no hay planes previos en los que basar la información y el riesgo mencionado no ha sido visto durante el curso. Por lo tanto, toda la información se ha tenido que sacar de las organizaciones internacionales como la ESA o IAWN, siendo estos documentos en inglés, ya que España a día de hoy no cuenta con una capacidad nacional de vigilancia y seguimiento espacial.

Como último se deberá hacer una autoevaluación del proceso de elaboración proyecto y la conclusión final del proyecto.

5

Desarrollo del plan

5.1. Fundamentos

5.1.1. Introducción

Hay muchos asteroides en el espacio con distintos tipos de órbitas, y hay ciertas órbitas de estos asteroides que llegan a coincidir en algún momento con la órbita de la tierra, los grupos Apolo y Aten. Por lo tanto, estos asteroides pasan por dos puntos de la órbita de la tierra, si en el momento de pasar por uno de los puntos coincide con la tierra, se produce en ese instante el impacto del asteroide con la tierra.

La forma más correcta para referirnos a estos cuerpos es el término NEO. El NEO puede tener distintos tamaños, por lo que dependiendo del tamaño este puede causar más o menos destrucción.

También se puede conocer la probabilidad de que se produzca el impacto a través de estudios que realizan organismos como la NASA, la cual puede ir aumentando o disminuyendo en según se acerca a la Tierra.

Estos dos aspectos, el tamaño y la probabilidad de impacto, se tienen en cuenta para crear la Escala de Turín (anexo 11.2.1), que es un método de clasificación del peligro de impacto asociado a los objetos de tipo NEO. Comprender esta escala será de especial relevancia en la elaboración y comprensión del plan.

En función del tamaño del NEO se determinarán las acciones a realizar, en las cuales, este plan solo será aplicable a un NEO con un diámetro entre 10 y 50 metros, ya que, de ser superiores a este tamaño, la Comunidad Valenciana no tendría capacidad suficiente para enfrentarlo, por lo tanto, otras organizaciones se encargarían de ello.

Por lo tanto, este plan se crea con la intención de hacer frente a un impacto de un NEO de grado 8, como el Bólido de Tunguska caído en Siberia en 1908, que llegó a afectar a una superficie de alrededor de 2500 km^2.

5.1.2. Objetivo y ámbito

5.1.2.1. Objeto

El objeto del Plan Especial por Impacto de Asteroides en la Comunidad Valenciana «PEIACV» es regular la coordinación, utilización y movilización de los recursos y medios de los organismos privados y públicos que existen dentro de la Comunidad Valenciana con la máxima eficacia posible, en las situaciones de preemergencia y emergencia por impacto de asteroide. Con la condición de que la seguridad y la vida de las personas ha de imponerse frente a cualquier otra cosa.

5.1.2.2. Ámbito

El presente Plan será de aplicación en cualquier situación de preemergencia y/o emergencia producida por impacto de asteroide, de grado 0,1,3 y 8 en la escala de Turín, en el territorio de la Comunidad Valenciana.

5.1.3. Marco legal y competencial

5.1.3.1. Marco legal

- El Acuerdo de rescate: Acuerdo sobre el rescate de astronautas, la devolución de astronautas y la devolución de objetos lanzados al espacio ultraterrestre, abierto a la firma el 22 de abril de 1968, entró en vigor el 3 de diciembre de 1968, 672 UNTS 119, en adelante Acuerdo de rescate y devolución.
- El acuerdo de la Luna: Acuerdo que rige las actividades de los Estados en la Luna y otros cuerpos celestes, abierto a la firma el 18 de diciembre de 1979, entró en vigor el 11 de julio de 1984, 1363 UNTS 3, en adelante Acuerdo de la Luna.
- El Convenio de responsabilidad: Convenio sobre responsabilidad internacional por daños causados por objetos espaciales, abierto a la firma el 29 de marzo de 1972, entró en vigor el 1 de septiembre de 1972, 961 UNTS 187, en adelante Convenio de responsabilidad.
- Convenio sobre el Registro de Objetos: Convenio sobre el Registro de Objetos Lanzados al Espacio Ultraterrestre, abierto a la firma el 14 de enero de 1975, entró en vigor el 15 de septiembre de 1976, 1023 UNTS 15, en adelante Convenio de Registro.
- Decreto 407/1992, de 24 de abril, sobre el marco normativo en planificación de emergencias y protección civil. Norma Básica.
- Orden PCI/489/2019, de 26 de abril, por la que se publica la Estrategia de Seguridad Aeroespacial Nacional, aprobada por el Consejo de Seguridad Nacional.
- Ley 7/1985, de 2 de abril, Reguladora de las Bases del Régimen Local.

5.1.3.2. El Plan Especial como Plan Director

El Plan Especial frente al riesgo por Impacto de Asteroide en la Comunidad Valenciana será considerado como Plan Director de la planificación territorial de ámbito inferior que se elabore en la Comunidad Valenciana ante este riesgo. En este sentido, se establecerán tanto las funciones básicas como el contenido mínimo de los Planes de Actuación Municipal que ordene hacer el mismo plan.

5.1.3.3. Marco competencial

El Plan Especial ante Impacto por Asteroide en la Comunidad Valenciana podrá ser aplicable una vez se cree el Plan Especial ante Impacto por Asteroide a nivel estatal, el cual establecerá, que corresponde a la Comunidad Valenciana, la responsabilidad de redactar y aprobar el Plan Especial ante Impacto por Asteroide en su ámbito territorial.

La aprobación y elaboración de los Planes de Actuación Municipal frente al riesgo por impacto de asteroide corresponderá al órgano de gobierno municipal. Su homologación se realizará por la Comisión de Protección Civil de la Comunidad Valenciana.

5.1.4. Los planes de actuación de ámbito local

5.1.4.1. Concepto

El Plan de Actuación Municipal ante el riesgo por Impacto de Asteroide, establecerá la organización y actuaciones de los recursos y servicios propios, teniendo como objeto hacer frente a la preemergencia o emergencia de un impacto de asteroide pequeño, dentro de su ámbito territorial.

El objetivo será especificar y sectorizar las zonas de municipio y determinar las zonas de actuación en los sitios más conflictivos, además tener en cuenta las zonas del municipio que tienen más riesgo ante este riesgo.

Además, se recomienda planear un sistema de alerta que sirva como aviso a la población en caso de que ocurra el susodicho riesgo.

Además, se recomienda la revisión de PTM, en el apartado de evacuación, para ver si su planificación es válida en caso de que ocurra el riesgo por impacto de asteroide.

5.1.4.2. Municipios que han de elaborar el PAM

Los municipios que han de elaborar obligatoriamente el plan deberán ser los que, según el análisis del riesgo hecho en este plan, tienen un riesgo alto, siendo estos Alicante, Valencia y Elche.

Los municipios descritos con riesgo medio se les recomendará la creación de un plan de ámbito local, pero se considera suficiente la aplicación del presente plan.

El riesgo de cada municipio está descrito en el Anexo 11.4.5. en la lista de municipios según su riesgo.

5.1.4.3. Contenido mínimo

En el presente apartado se refleja el contenido mínimo a rellenar, en el cual se establecen las bases de cómo sería un Plan de Actuación Local por impacto de Asteroide en los municipios de la Comunidad Valenciana, este índice servirá de apoyo para la futura redacción los planes de los municipios que deban o quieran redactar el Plan de Actuación Local por impacto de Asteroide.

5.1.5. Definiciones

NEO:	«Near Earth Object», cualquier objeto asteroide o cometa que pase como máximo a 1'3 UA del Sol.
UA:	«Unidad Astronómica», es la distancia que separa la Tierra del Sol.
Afelio:	Punto más alejado del Sol en la órbita.
Perihelio:	Punto más cercano al Sol en la órbita.
Escala de Turín:	Mide la peligrosidad de un asteroide en función de su tamaño y la probabilidad de impacto contra la Tierra.
La nube de Oort:	Rodea nuestro sistema solar como una cáscara. Está formada por miles de millones de cuerpos helados en órbita alrededor del Sol.
Escala Palermo (PS):	Esta es una escala numérica (similar a la escala de Richter para terremotos) utilizada para cuantificar el riesgo de impacto. La definición formal es «PS = log10 (P / (fb ΔT)»).
Objetos amenazantes:	Dentro de la Oficina de Defensa Planetaria de la ESA, los objetos que tienen una probabilidad superior a 0 de afectar a nuestro planeta se denominan objetos amenazantes, independientemente de su tamaño. Todos ellos están incluidos en nuestra lista de riesgos.
ESA:	Agencia Espacial Europea. Su misión es dar forma al desarrollo de la capacidad espacial de Europa y garantizar que la inversión en el espacio continúe brindando beneficios a los ciudadanos de Europa y del mundo.
IAWN:	International Asteroid Warning Network, es una red virtual que vincula a las instituciones que realizan funciones como el descubrimiento, el seguimiento y la caracterización física de los NEOs potencialmente peligrosos y el mantenimiento de

	una cámara de compensación reconocida internacionalmente para la recepción, el reconocimiento y el procesamiento de todas las observaciones de los NEOs.
NEOCC:	El NEOCC es el centro de la ESA para calcular las órbitas de asteroides y cometas y sus probabilidades de impacto en la Tierra.

5.2. Análisis del riesgo

5.2.1. Análisis del riesgo

El análisis del riesgo tendrá en cuenta todos los factores que afectan al municipio que provocan que este pueda llegar a tener mayor riesgo por impacto por asteroide. Para ello se estudiarán los factores de la vulnerabilidad, de la exposición y de la peligrosidad. De ellos sacaremos una serie de datos que determinarán a través de la fórmula R=VxExP el riesgo concreto de cada municipio.

5.2.1.1. Vulnerabilidad

La vulnerabilidad se establecerá según el número de habitantes del término municipal, o si este presenta zonas con una densidad de población muy elevada, ya que se considera que estas zonas y municipios serán los más vulnerables al riesgo, debido a la cantidad de víctimas y daños que se producirían en caso de que cayera el posible asteroide en estos sitios.

Para ello, tenemos dos fuentes de información que relacionamos una es el censo de 2011-11-01 y una estimación 2021-01-01 sacada del INE, basándonos en ambas podremos sacar los datos más fiables posible, pudiendo así determinar 4 divisiones en cada variable. Por lo tanto, según la población del municipio podrán ser: baja, media, alta y muy alta (Anexos. 11.1.1 y 11.1.2).

De estos datos sacaremos un valor de exposición y de él un índice de exposición, el cual usaremos para determinar qué municipios tienen mayor vulnerabilidad, dividiéndolo en tres tipos de vulnerabilidad: alta, media y baja (Anexos. 11.1.11).

Figura 1. Índice de vulnerabilidad. Fuente: elaboración propia con QGIS.

5.2.1.2. Exposición

Figura 2. Índice de exposición. Fuente: elaboración propia con QGIS.

La exposición se determinará según la superficie del término municipal, ya que se estima que cuanta más superficie tenga el municipio más probabilidades estadísticamente tiene este de que el posible asteroide caiga sobre él. Además, se tendrá en cuenta la superficie urbanizada a través de las capas «SU» y «SUZ», sacadas de la capa de los usos del suelo que provee la página del catálogo de descargas de la Comunidad Valenciana. Por un lado, tendremos los resultados de la superficie total del municipio (Anexo. 11.1.3), y, por otro lado, la superficie total urbanizada de cada municipio (Anexos. 11.1.4 y 11.1.5). En ambas vamos a determinar 4 divisiones según la exposición individual: baja, media, alta y muy alta.

Relacionando ambos resultados sacaremos la exposición ante riesgo por impacto de asteroide de cada municipio en concreto, dividiéndolo en tres tipos de exposición: alta, media y baja (Anexo. 11.1.10).

5.2.1.3. Peligrosidad

La peligrosidad se medirá teniendo en cuenta que municipios tienen una alta peligrosidad ante el impacto de un NEO, por las características concretas que tiene el municipio, que podrían causar situaciones peligrosas después del impacto, estas características serán:

- Si tiene zona costera; por los daños que podría causar en caso de que el NEO caiga en el mar Mediterráneo, por la probabilidad de tsunami (Anexo. 11.1.7).
- Si tiene riesgo de incendio forestal, por las consecuencias que se producirían después de un impacto en zona forestal (Anexo. 11.1.8 y 1.9).
- Si tiene una presa que se pueda romper o averiar, por los daños que puede causar el NEO (Anexo. Planos. 11.1.6).

Todas estas características no han sido pensadas solo por su peligrosidad, sino también por la imposibilidad de mover, vaciar o desactivar estas características con previo aviso y así poder anular la peligrosidad que supone.

Con estos datos se podrán determinar qué municipios tienen uno o más de estos factores dividiéndose en peligrosidad alta, media y baja, dependiendo de cuántos de estos factores cumple, así hemos podido crear un plano de la peligrosidad ante impacto de Asteroide de cada municipio (Anexo.11 1.12).

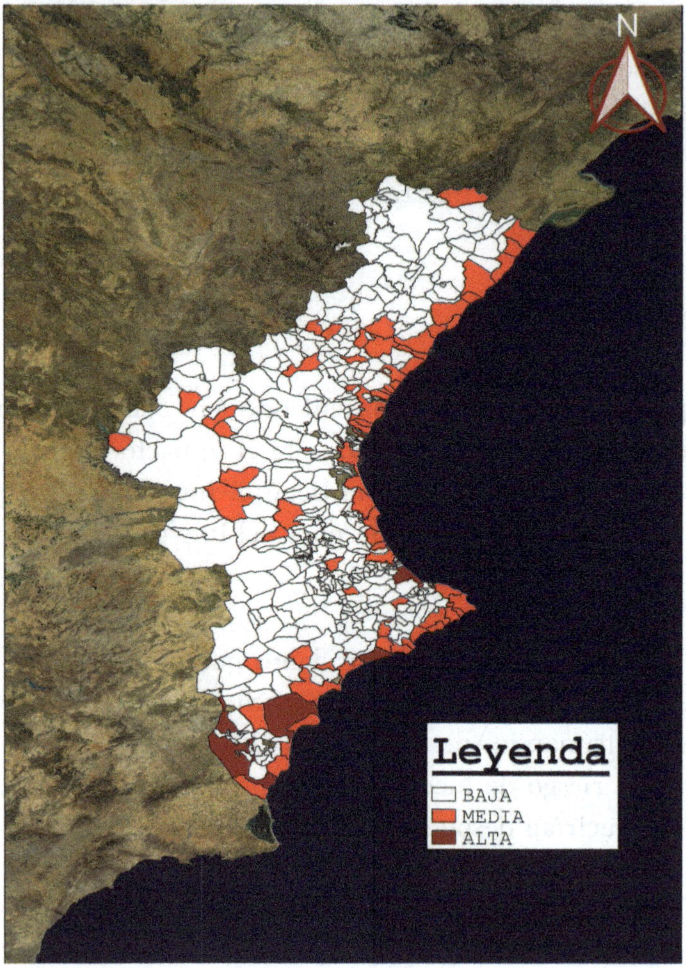

Figura 3. Índice de peligrosidad. Fuente: elaboración propia con QGIS.

5.2.1.4. Riesgo

El riesgo se determinará según la fórmula R=VxExP, para ello dará el mismo valor a cada variable de la función, esta función será sustituida por los resultados obtenidos, así cada municipio tendrá un índice de riesgo que se puede comprobar en el Anexo. 11.4.5. Esto determinará el riesgo del municipio que está expuesto en el plano del Anexo. 11.1.13.

Figura 4. Obtención del índice de riesgo. Fuente: elaboración propia con QGIS.

5.2.1.5. Descripción del proceso

Para describir el proceso, se ha empleado una tabla ejemplo en la cual se explica el procedimiento que se ha seguido para realizar el índice de vulnerabilidad, el índice de exposición y el índice de peligrosidad:

Tabla 1. Descripción del proceso. Fuente: elaboración propia a partir de cartografía utilizada.

Variables	Datos	Divisiones	Valor del Dato
Vulnerabilidad	**censo 2011-11-01**	<25000	4/8
		25000-50000	3/8
		50000-200000	2/4
		>200000	1/8
	estimación 2021-01-01.	<25000	4/8
		25000-50000	3/8
		50000-200000	2/8
		>200000	1/8
Exposición	**Superficie**	<50 km^2	4/8
		50-100 km^2	3/8
		100-500 km^2	2/4
		>500 km^2	1/8
	Superficie Urbanizada	<10 km^2	4/8
		10-20 km^2	3/8
		20-30 km^2	2/8
		>30 km^2	1/8
Peligrosidad	**Peligrosidad por Presa**	Si	1/3
		No	0
	Peligrosidad por zona costera	Si	1/3
		No	0
	Peligrosidad por Incendio Forestal	Si	1/3
		No	0

Municipio				Municipio	Resultado de la variable
A	B	C	D		
				A	0,625
				B	0,5
				C	0,5
				D	0,25
				A	0,875
				B	0,75
				C	0,5
				D	0,5
				A	0,67
				B	0,33
				C	0,67
				D	0,00

Estos datos serán necesarios para calcular el índice de riesgo, donde se sumarán todos los índices de las variables obteniendo el índice de riesgo, el cual será explicado con la siguiente tabla ejemplo:

Tabla 2. Descripción del proceso parte 2. Fuente: elaboración propia a partir de cartografía utilizada.

Riesgo (R=V+E+P)			
A	B	C	D
2,17	1,58	1,67	0,75
Riesgo Alto	Riesgo Medio	Riesgo Medio	Riesgo Bajo

Para determinar el riesgo alto, bajo y medio de la vulnerabilidad, la peligrosidad, la exposición y el riesgo se han tenido en cuenta los índices calculados anteriormente:

Tabla 3. Descripción del proceso parte 3. Fuente: elaboración propia a partir de cartografía utilizada.

	Vulnerabilidad	Exposición	Peligrosidad	Riesgo
Alto	>0,75	> 0,62	1	>2
Medio	0,5-0,75	0,37-0,62	2/3	1-2
Bajo	< 0,5	< 0,37	1/3	< 1

5.2.1.6. Afección del riesgo en función de la población afectada

La afección de riesgo en función de la población afectada será estudiada mediante un simulador que representa el impacto del terremoto en función de su tamaño. Para ello, estimaremos el peor escenario posible, que caiga en el centro de la ciudad, y además sacaremos dos imágenes, una con el NEO pequeño con menor diámetro (10 m) y otra con el NEO pequeño con mayor diámetro (50 m), ya que solo afecta al presente plan este tipo de NEOS.

Para hacer este estudio se mostrarán en la parte inferior los resultados de los municipios que según el análisis del riesgo son de riesgo alto.

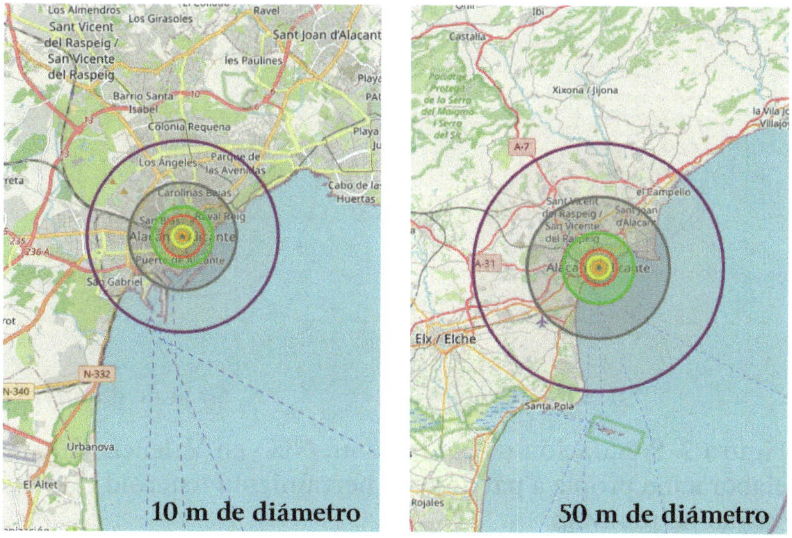

Figura 5. Simulación de caída de un NEO en Alicante. Fuente: elaboración propia a partir de la herramienta Asteroid Damage Visualization Map.

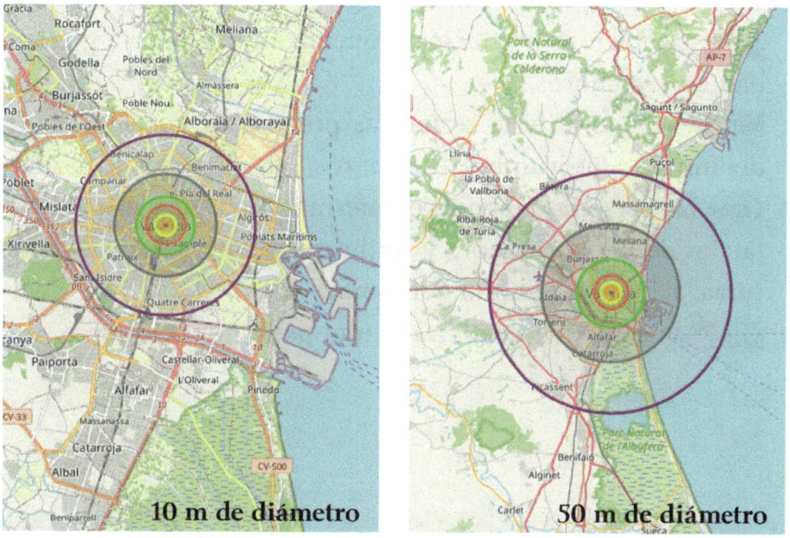

Figura 6. Simulación de caída de un NEO en Valencia. Fuente: elaboración propia a partir de la herramienta Asteroid Damage Visualization Map.

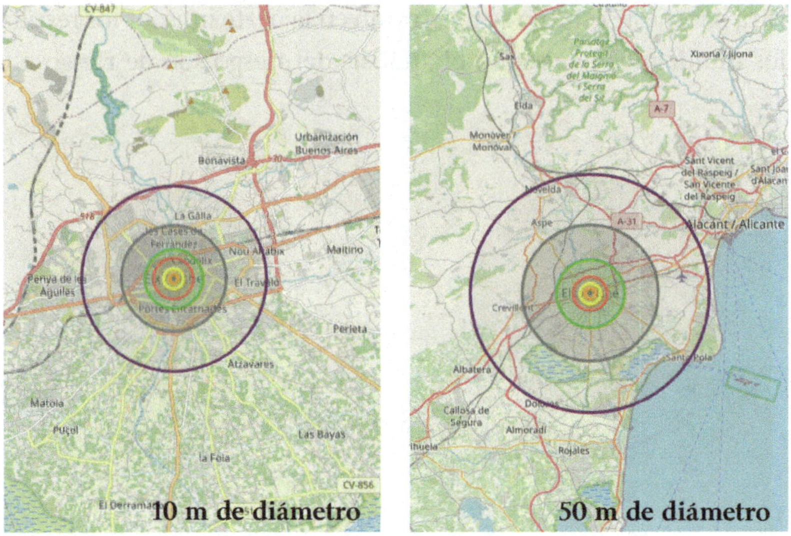

Figura 7. Simulación de caída de un NEO en Valencia. Fuente: elaboración propia a partir de la herramienta Asteroid Damage Visualization Map.

- Naranja: Cráter que se abriría. Toda forma de vida se extinguiría.
- Amarillo: La mayoría de gente moriría, los edificios se derrumbarían y las personas sufrirían graves quemaduras en la piel.
- Rojo: también se producirían quemaduras y habría gran cantidad de escombros.
- Verde: lo que ardería serían las prendas de ropa y los efectos del impacto (derrumbes, escombros) serían fatales para muchos.
- Gris: las personas mayores o enfermas podrían sentir los efectos fatales de la onda sonora y un brusco aumento de las temperaturas, aunque no habría derrumbes.
- Morado: zona que quedaría oculta por cenizas y humo.

5.3. Estructura y organización

5.3.1. Clasificación de las emergencias

5.3.1.1. Preemergencia

La preemergencia se medirá según lo que establezca la Escala de Turín, la cual mide la peligrosidad de un asteroide en función de su tamaño y la probabilidad de impacto contra la tierra. (anexo 2.1.1.).

La Escala de Turín está compuesta por 10 grados, numerados del 1 al 10, en orden de menos peligroso al más peligroso y seccionada por 5 colores cada una atribuido a un nivel de riesgo:

- Blanco (riesgo nulo): grado 0.
- Verde (normal): grado 1.
- Amarillo (merecedores de atención por parte de los astrónomos): grados 2, 3 y 4.
- Naranja (Acontecimientos preocupantes): grados 5, 6 y 7.
- Rojo (Colisión segura): grados 8, 9 y 10.

La Escala de Turín se usará como preemergencia, ya que calcula la probabilidad de impacto de un asteroide contra la Tierra. Es importante saber que a medida que se iría acercando la probabilidad de colisión iría aumentando, si este fuera a colisionar contra la tierra, o disminuyendo, si el ángulo de trayectoria respecto a la Tierra y el NEO aumentase.

Tabla 4. Descripción de la Escala de Turín. Fuente: elaboración propia a partir de «Impacts and the Public: Communicating the Nature of the Impact Hazard». Morrison, D., Chapman, C. R., Steel, D., and Binzel R. P.

RIESGO	GRADO	DESCRIPCIÓN
RIESGO NULO (blanco)	0	La probabilidad de colisión es cero, o tan baja que es prácticamente cero. Se aplica también a objetos pequeños como meteoros o cuerpos celestes que se desintegran a su paso por la atmósfera, o que raramente caen a la Tierra en forma de meteorito, y sólo excepcionalmente pueden causar daños de algún tipo.
NORMAL (verde)	1	Las observaciones ocasionales pueden descubrir el paso cerca de la Tierra de objetos que tienen un cierto peligro de colisión. Los cálculos y análisis realizados muestran que las probabilidades de colisión son extremadamente bajas y no merecen mucha atención y preocupación entre la gente. Con casi total probabilidad, las nuevas observaciones que se hagan llevarán a una reasignación al nivel 0.
MERECEDORES DE ATENCIÓN POR PARTE DE LOS ASTRÓNOMOS (amarillo)	2	Colisión muy improbable de un objeto que lleva una trayectoria cercana a la Tierra. Merece la atención de los astrónomos, pero no hay motivo de preocupación por parte de la población, ya que el riesgo no es muy probable. Las nuevas observaciones pueden reasignar el riesgo al nivel 0.
	3	Encuentro cercano, merecedor de atención por parte de los astrónomos. Los cálculos indican una probabilidad de colisión de hasta un 1%, capaz de causar destrucción a nivel local. Muy probablemente, las nuevas y más precisas observaciones reconduzcan el peligro al nivel 0. Será necesaria la atención del público y de las autoridades sobre todo si el riesgo de colisión está a menos de 10 años.
	4	Encuentro cercano, merecedor de atención por parte de los astrónomos. Los cálculos indican una probabilidad de colisión de más de un 1%, capaz de causar devastación a nivel regional. Muy probablemente las nuevas observaciones reasignarán el nivel de peligro a 0. Será necesaria la atención del público y de las autoridades sobre todo si el riesgo de colisión está a menos de 10 años.
ACONTECIMIENTOS PREOCUPANTES (naranja)	5	Encuentro cercano con un objeto que supone una amenaza seria, pero todavía incierta, de devastación regional. La atención crítica de los astrónomos es necesaria para determinar si existe o no la posibilidad de un choque. Si la colisión está prevista para menos de 10 años, deben considerarse medidas gubernamentales de urgencia.
	6	Encuentro cercano con un gran objeto que supone una amenaza seria, pero todavía incierta, de una catástrofe global. La atención crítica de los astrónomos es necesaria para determinar si existe o no la posibilidad de un choque. Si la colisión está prevista para menos de 30 años, deben considerarse medidas gubernamentales de urgencia.
	7	Encuentro muy cercano con un gran objeto, que si ocurriera en el mismo siglo, supondría una amenaza sin precedentes, pero todavía incierta, de catástrofe global. En estos casos, deben planificarse medidas internacionales, y especialmente la necesidad de determinar rápidamente y con la mayor certeza posible si la colisión tendrá lugar o no.
COLISIÓN SEGURA (rojo)	8	La colisión es segura, y con capacidad para causar destrucción localizada si impacta en tierra o un tsunami si impacta en el mar. Tales acontecimientos se presentan de media entre una vez cada 50 años y una vez cada varios miles de años.
	9	La colisión es segura, y con capacidad para causar destrucción regional sin precedentes si impacta en tierra o un tsunami devastador si lo hace en el mar. Tales acontecimientos se presentan de media entre una vez cada 10 000 años y una vez cada 100.000 años.
	10	La colisión es segura, y con capacidad para causar una catástrofe climática global que pueda amenazar el futuro de la civilización tal como la conocemos impacte donde impacte, en tierra o en el océano. Tales acontecimientos se presentan de media una vez cada 100 000 años o más.

Gracias a la Escala de Turín se clasifican todos los NEO con una misma escala. Como vemos en los Anexos 11.4.1 y 11.4.2, los NEO se dividen en 3 tamaños partiendo de 10 m de diámetro, ya que es cuando se empieza a considerar peligroso, antes de eso se considera que el NEO se evapora antes tocar la superficie terrestre.

Ante colisión segura estos se dividen en grado 8, 9 y 10, los cuales son considerados como grandes, medianos y pequeños en ese respectivo orden.

Los grandes, los cuales pueden tener consecuencias catastróficas, están todos controlados y vigilados por los astrónomos y no hay ninguno que se considere una amenaza, a no ser que se den alguno de los siguientes supuestos: que este provenga de fuera de la nube de Oort, ya que en tal caso este NEO tendría una órbita tan grande que hasta el momento ha sido imposible de detectar, o que alguno sufra un cambio en su órbita por algún choque, resonancia o situación impredecible, ya que, según las leyes de Newton a partir de 2 cuerpos, es decir, de 3 en adelante, se genera Caos, así que a través del estudio de la ciencia determinista siempre hay cierto margen el cual no se puede determinar. Aunque esto ocurriera no sería correspondencia de la comunidad autónoma actuar, ya que esto produciría un desastre a nivel mundial y hay pocos países con la capacidad de hacer frente a un NEO grande.

El problema son los NEO pequeños y medianos, los cuales se estima que solo están controlados entre un 10 % y un 40 %. Ya ha pasado varias veces que se descubre un NEO poco antes de que pase cerca de la Tierra.

Como vemos en el Anexo 2.1.3, donde nos explica los daños que puede causar un NEO según su tamaño, un NEO mediano puede destruir una ciudad e incluso causar daños en un país entero, lo cual tampoco correspondería a la comunidad autónoma y se consideraría de interés nacional. Se estima que, ante dicho meteorito, sí actuarían las grandes potencias mundiales, porque podría producir cambios que afectaría a todo el mundo.

Los que serán de la competencia de la comunidad autónoma, teniendo la obligación de actuar serán los NEOS pequeños, los cuales desarrollarán una destrucción local si cae en la tierra o en un tsunami si lo hace en el mar.

Por lo tanto, solo valoraremos los grados 0, 1, 3, 8 de la Escala de Turín a nivel autonómico.

Tabla 4. Niveles de preemergencia. Fuente: elaboración propia

Grado en la Escala de Turín	Grado en la Escala de Turín	Riesgo
Nivel 0	0	Nulo
NIvel 1	1	Normal
Nivel 2	3	Merecedores de atencion por parte de los astronomos
Nivel 3	8	Colisión segura

La descripción de los niveles de emergencia está basada en características de los grados utilizados en la Escala de Turín:

- Nivel 0: La probabilidad de colisión es cero o prácticamente cero o el objeto es tan pequeño que se desintegra antes de poder hacer algún daño en la superficie terrestre.
- Nivel 1: Las posibilidades de colisión son extremadamente bajas y no merecen mucha atención.
- Nivel 2: Los cálculos indican una posibilidad de colisión de hasta un 1 %, será necesaria la atención por parte de las autoridades y del público, si el riesgo de colisión está a menos de 10 años.
- Nivel 3: Destrucción local si cae en la tierra o en un tsunami si lo hace en el mar.

5.3.1.2. Emergencia

El nivel de emergencia se activará cuando el grado del NEO en la Escala de Turín sea de 8, ya que la colisión con la Tierra de este es segura, y el corredor de riesgo que vemos como ejemplo en la figura 3 indica si hay alguna posibilidad de que el NEO caiga en alguna parte de la Comunidad Valenciana.

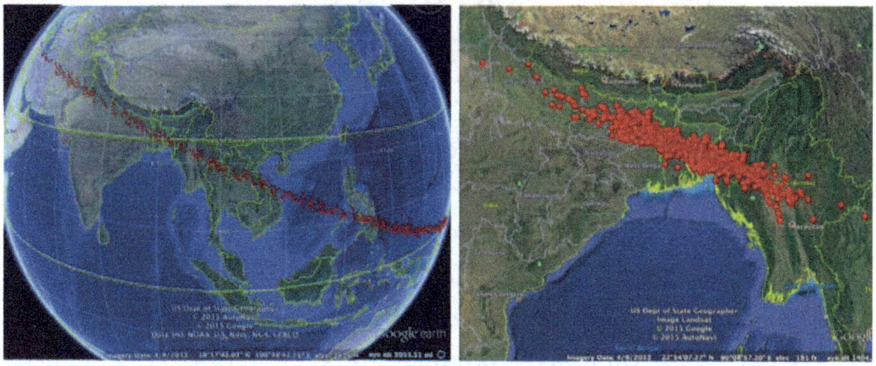

Figura 8: El corredor de impacto del asteroide ficticio denominado 2015 PDC. Fuente IAWN

No hay un valor estipulado en el cual los astrónomos serían capaces de determinar cuándo sería el lugar exacto en el que impactaría el NEO, ya que no ha habido sucesos por el que calcularlo y confirmar el cálculo, por lo tanto, a día de hoy no se sabe el tiempo de respuesta que se tendría. Pero sí se establecerá el corredor de impacto, que visualizamos en la figura 8, el cual se irá disminuyendo conforme el NEO se acerque a la Tierra. Veremos un simulacro del informe que realizará la ESA, en el cual se visualiza cómo avanza el corredor de impacto a lo largo de los días en el Anexo 11.6.

Si el tiempo es suficiente, la primera opción será la total evacuación del lugar afectado.

El presente plan solo tendrá competencia de utilizarse en emergencias de nivel 1. En la tabla de abajo se pueden ver los niveles de emergencia según el asteroide y en qué situación el corredor de riego llegaría a afectar a la comunidad autónoma.

Tabla 5. Situaciones de emergencia. Fuente: elaboración propia

Emergencia	Grado en la Escala de Turín	Corredor de Riesgo	COMPETENCIA
Situación o	8, 9 o 10	No influye	No influye
Situación 1	8	Incluye a la comunidad autonoma	Autonómica
Situación 2	9	Incluye a la comunidad autonoma y alrrededores	Estatal
Situación 3	10	No influye	Internacional

- Situación 0: La emergencia se calificará como situación 0 cuando los datos astronómicos permitan prever la inminencia de un riesgo por impacto por asteroide, con peligro para personas y bienes en la Comunitat Valenciana.
- Situación 1: La emergencia se calificará como situación 1 cuando los datos astronómicos indiquen un NEO de grado 8 y el corredor de riesgo tenga como posible impacto en uno o más puntos de la Comunidad Valenciana. Además, se podrá resolver con los medios y recursos adscritos al plan.
- Situación 2: La emergencia se calificará como situación 2 cuando los datos astronómicos indiquen un NEO de grado 9 y el corredor de riesgo tenga como posible impacto uno o más puntos de la Comunidad Valenciana o en sus proximidades. Serán declaradas como situación 2 las emergencias en las que se declarará el interés nacional, por el ministro de Interior. En esta situación la dirección del plan corresponderá a la persona designada por el ministro de interior.
- Situación 3: La emergencia se calificará como situación 3 cuando los datos astronómicos indiquen un NEO de grado 10. Serán declaradas como situación 3 las emergencias en las que se declarará el interés internacional, por la ESA (Agencia Espacial Europea). En esta situación la dirección del plan corresponderá a la persona designada por el ministro de Interior que estará en constante colaboración con la ESA.

5.3.1.3. Fase de vuelta a la normalidad

La fase posterior a la emergencia se prolongará hasta que se recuperen las condiciones básicas para las operaciones normales en las áreas afectadas por el asteroide. Mientras transcurre esta etapa, se irán realizando los primeros trabajos de restauración en las áreas que han sido afectadas, que consistirán principalmente en comprobar el estado de las edificaciones e infraestructuras y, en caso de ser necesario, reforzar o demoler las edificaciones que han sido dañadas incluyendo en las tareas: reparación de daños severos a la infraestructura de tránsito, telecomunicaciones, abastecimiento de agua y drenaje; restauración de electricidad y combustible de los servicios básicos; traslado temporal de personas que han perdido su vivienda; etc.

5.3.2. Estructura del plan

Este plan, de la misma forma que el plan autonómico, se organiza sobre la base de que existen tres centros de coordinación de emergencias, uno por provincia, de los cuales el CCE de la provincia de Valencia servirá como centro coordinador de CCES de las provincias de Alicante y Castellón.

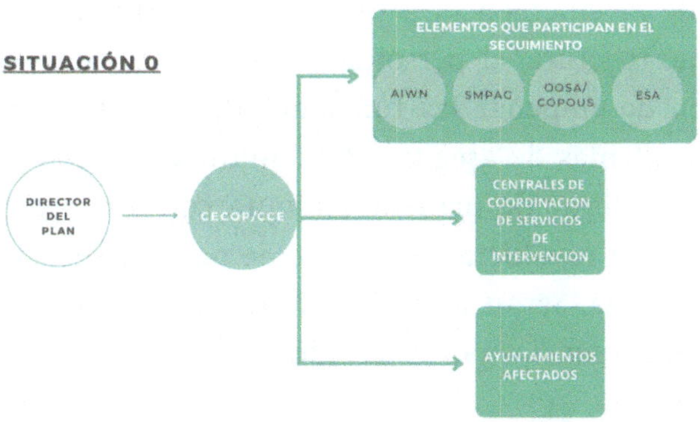

Figura 9: Estructura del plan situación 0. Fuente elaboración propia

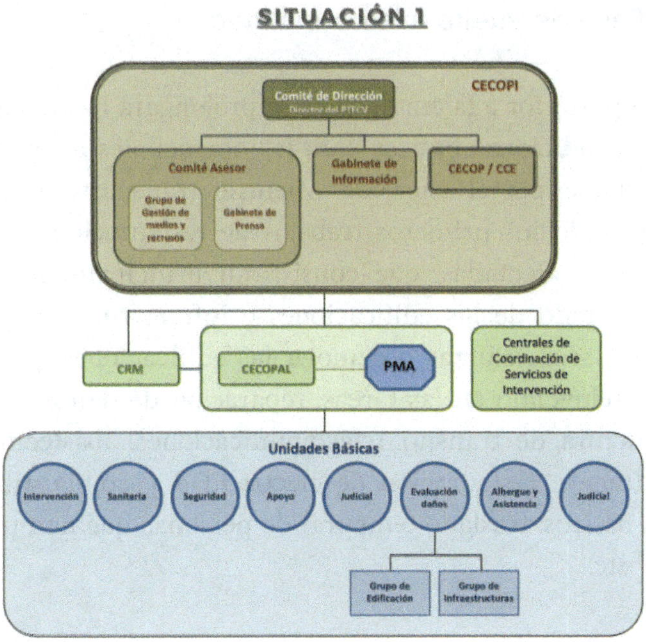

Figura 10: Estructura del plan situación 1. Fuente Plan Especial Sísmico de la Comunidad Valenciana

5.3.3. El Centro de Coordinación Operativa (CECOP)

Los Centros de Coordinación de Operaciones (CECOP) son los centros a través de los cuales se coordinan y dirigen las acciones para el control de la emergencia a implementar. Estos centros cuentan con la infraestructura, el personal y las instalaciones técnicas que les permiten desempeñar las funciones de gestión y coordinación de recursos, además de asegurar la comunicación con la dirección del frente y dialogar de manera conjunta con los medios externos que puedan estar involucrados en caso de una emergencia. Los CCEs de cada provincia. Serán los encargados de convertirse en CECOP durante las emergencias por asteroides.

5.3.4. El Centro de Coordinación Operativa Integrado

El CECOPI, como órgano superior de gestión de la emergencia, se constituirá en situación 1 de emergencia, según lo especificado en el presente Plan. Estará compuesto por el Comité de Dirección, el Comité Asesor y un Gabinete de Información.

El CCE que tenga asignado el papel de CECOP estará efectuando la labor de coordinación de las comunicaciones y el seguimiento de la situación de emergencia, con independencia de que el CECOPI esté constituido o no en sus instalaciones.

5.3.5. La Dirección Del Plan Especial: El Comité de Dirección

5.3.5.1. La dirección del Plan

Le corresponde a la Generalitat Valenciana, la dirección del presente Plan en las emergencias declaradas de situación 0 y 1.

El director del Plan será el conseller competente en materia de Protección Civil y Emergencias, que asumirá las funciones de Mando Único.

5.3.5.2. El Comité de Dirección

El Comité de Dirección está integrado por dos representantes de la Generalitat y un representante de la Administración General del Estado.

Los representantes de la Generalitat en el CECOPI serán:

- La persona titular de la conselleria competente en materia de protección civil y gestión de emergencias.
- La persona titular de la conselleria competente en materia de astronomía, que podrá ser sustituida, en caso de ausencia o enfermedad, por la persona titular de la secretaría autonómica o de la dirección general competente en la misma materia.

5.3.6. El Comité Asesor

Apoya y asesora al Comité de Dirección en diversos aspectos relacionados con la situación de crisis. El Comité Asesor se divide en dos grupos:

- Grupo de Seguimiento del Riesgo y Evaluación de Daños.
- Grupo de Gestión de Medios y Recursos.

5.3.7. Unidades básicas: composición y funciones

La relización actuaciones necesarias para proteger de bienes y personas se realizarán por las siguientes unidades básicas:

- Unidad Básica de Intervención.
- Unidad Básica de Seguridad.
- Unidad Básica Judicial.
- Unidad Básica Sanitaria.
- Unidad Básica de Albergue y Asistencia.
- Unidad Básica de Apoyo Logístico.
- Unidad Básica de Evaluación de Daños.

La composición y funciones serán muy similares al Plan Especial Sísmico de la Generalitat Valenciana, ya que los efectos producidos y las funciones a realizar ante el impacto de un asteroide son muy parecidos.

5.3.7.1. Unidad Básica de Intervención

El coordinador de esta Unidad será el mando de bomberos que tenga el mayor rango.

5.3.7.1.1. Composición:

- Los medios y mandos de los Consorcios Provinciales de Bomberos.

- Los medios aéreos de la Agencia Valenciana de Seguridad y Respuesta a las Emergencias.
- Los bomberos forestales y los jefes de dotaciones.
- Los agentes medioambientales y el personal técnico de la Conselleria competente en materia de prevención de incendios forestales.
- La maquinaria u otros recursos privados.
- Los medios estatales que tengan como zona de actuación preferente la Comunitat Valenciana.
- Los medios de otras administraciones con las que existan convenios de colaboración.
- Las Unidades de Bomberos de los Parques Municipales de Alicante, Castellón y Valencia (medios extraordinarios).
- Las Brigadas Forestales de la Diputación Provincial de Valencia.
- Las Fuerzas Armadas, incluida la Unidad Militar de Emergencias (medios extraordinarios).
- Los voluntarios.
- Otros medios extraordinarios: otros medios estatales, medios de otras administraciones con las que no existan convenios de colaboración o recursos internacionales.

5.3.7.1.2. Funciones

- Eliminar, reducir y controlar en lo posible los efectos causados sobre personas y bienes. Prevenir posibles efectos posteriores como incendios, nuevos derrumbamientos, etc.
- Salvamento y rescate de personas.

5.3.7.2. Unidad Básica de Seguridad

El coordinador de esta Unidad Básica será un mando de la Guardia Civil o del Cuerpo Nacional de Policía.

5.3.7.2.1. Composición

- El Cuerpo Nacional de Policía.
- La Guardia Civil.
- La Policía Local.
- La Unidad del CNP adscrita a la Comunitat Valenciana.

5.3.7.2.2. Funciones:

- Ordenar el tráfico.
- Restablecer y mantener el orden público, garantizando la seguridad ciudadana.
- La coordinación y ejecución de las evacuaciones.
- Controlar los accesos.
- Avisos e información a la población.
- Control de que los que acceden a la zona son autosuficientes y distribuir las tarjetas de identificación.
- Proteger los convoyes de ayuda.
- Guiar o acompañar en el desplazamiento del resto de las unidades básicas cuando estén dentro de las zonas de actuación.
- Impedir la ocupación de edificios considerados como peligrosos por los técnicos de inspección.

5.3.7.3. Unidad Básica Sanitaria

El CICU designará al médico del SAMU que realizará las tareas de coordinación de la Unidad Básica Sanitaria.

5.3.7.3.1. Composición

- Los recursos sanitarios de atención primaria. Estos recursos son por cercanía al lugar del accidente recursos de respuesta inmediata.
- El equipo/s SAMU.

5.3.7.3.2. Funciones

- Realizar la clasificación, asistencia y evacuación de las víctimas para el traslado a Centros Hospitalarios.
- Valorar la necesidad de la atención psicológica, y de ser necesario activar al grupo de psicólogos a través del CCE.
- Actividades como la asistencia en hospitales, la cobertura de las necesidades farmacéuticas y la prevención/resolución de problemas epidemiológicos derivados de la emergencia, serán realizadas de la forma prevista en el Plan Sanitario de Emergencias por los servicios ya establecidos en dicho Plan.
- Valorar si es necesario usar el helicóptero medicalizado.
- Organización de Hospitales Campaña.
- El Coordinador de la Unidad Básica será el enlace entre el Puesto de asistencia sanitaria y el CICU, establecerá la evacuación de víctimas a centros hospitalarios, realizará la identificación de las víctimas y recogerá toda la información necesaria.
- Constituir el Centro de Asistencia Sanitaria y centro de evacuación de heridos.
- Control sanitario de áreas de evacuados.
- Control sanitario de alimentos y aguas.

5.3.7.4. Unidad Básica de Albergue y Asistencia

El coordinador de esta Unidad Básica, para cada una de las zonas, estará designado por el director del Plan Sectorial de Albergue y Asistencia.

5.3.7.4.1. Composición

- Los servicios sociales de los ayuntamientos.
- Los Voluntarios de protección civil y otras organizaciones de voluntariado.
- La Cruz Roja.

- Los servicios de asistencia social de la Conselleria competente en materia de servicios sociales.

5.3.7.4.2. Funciones

- Albergue de evacuados y desplazados.
- Registro y seguimientos de todos los afectados.
- Apoyo psicológico a todos los afectados.
- Asistencia social.
- Distribución de los víveres en los centros de albergue.

5.3.7.5. Unidad Básica de Apoyo

El coordinador de esta Unidad Básica será el responsable de la Diputación Provincial designado por el director del Plan Sectorial de Abastecimiento.

5.3.7.5.1. Composición

- El personal de los Ayuntamientos.
- El personal voluntario de Protección Civil.
- Las brigadas de obras de los titulares de carreteras.
- El personal del Plan Sectorial de Transporte.
- El personal de las Diputaciones Provinciales y Consorcios de Bomberos, como responsables de avituallamiento y de la gestión de maquinaria para rehabilitación.
- El personal de las Compañías de los Servicios básicos afectados.

5.3.7.5.2. Funciones

- Reparación de urgencia de daños que hayan sido ocasionados en diques o en otras obras de protección y en elementos medioambientales o naturales.
- Restablecer la red viaria.

- Avituallamiento y abastecimiento.
- Eliminación de las obstrucciones y los obstáculos en puntos críticos de cauces o apertura de las vías alternativas de desagües.
- Limpieza y saneamiento de áreas afectadas.
- Realizar tareas de transporte.
- Restablecer los servicios básicos.

5.3.7.6. Unidad Básica de Evaluación de Daños

Si el asteroide cae en suelo urbano se requerirán numerosas intervenciones de ingeniería de varias autoridades: departamentos de arquitectura, vivienda, servicios públicos e infraestructura, legislatura y ayuntamiento. Se requiere un colegio comunitario de arquitectos y arquitectos técnicos mediante convenio suscrito entre el Ministerio de Medio Ambiente, Agua, Urbanismo y Vivienda y el Instituto Valenciano de la Edificación. Este personal debe evaluar la habitabilidad de los edificios y los daños a las instalaciones públicas en las áreas afectadas por el asteroide y sugerir las medidas a tomar.

5.3.7.6.1. Composición

- Grupo de la evaluación de los daños en edificaciones.
- Grupo de la evaluación de los daños en infraestructuras.

5.3.7.6.2. Funciones

- Grupo de reconocimiento de los daños en las edificaciones:
  - Establecer a los distintos equipos técnicos de inspección de los edificios, las prioridades de su trabajo y los códigos a seguir de las señales a colocar en las viviendas.
  - Controlar y llevar a cabo demoliciones y remoción de escombros en calles y vías de comunicación.

- Evaluar las condiciones que hay de habitabilidad de las edificaciones afectadas por el asteroide.
- Redactar y distribuir cuestionarios a rellenar y normas específicas por los equipos de inspección de los edificios.

• Grupo de reconocimiento de los daños en las infraestructuras:
  - Coordinar y establecer las prioridades en el restablecimiento de los servicios básicos.
  - Evaluar las condiciones de infraestructuras y líneas vitales.

5.3.7.7. Unidad Básica Judicial

La coordinación de esta unidad corresponde a la autoridad Judicial o persona que esta designe.

5.3.7.7.1. Composición

- La Autoridad Judicial.
- Médicos forenses del Instituto de Medicina Legal de la provincia que ha sido afectada y de las otras provincias si fuera necesario. Miembros de la Policía Judicial (Guardia Civil y Cuerpo Nacional de Policía).
- Servicios funerarios.
- Otros funcionarios que son pertenecientes a la organización judicial.

5.3.7.7.2. Funciones

- Efectuar el diagnóstico de la muerte, la estimación del momento en el que ocurrió y las causas.
- Habilitar una zona para depósito y custodia de cadáveres.
- Los miembros de las Fuerzas y Cuerpos de Seguridad darán un aviso a la autoridad judicial, para proceder al levantamiento de cadáveres.
- Identificar a los fallecidos.

- Preparar los cadáveres para la futura identificación por los familiares y posterior entrega.

5.3.7.8. Unidad Básica a crear

El presente plan recomienda crear una nueva unidad básica en la cual se establezca un grupo de científicos e investigadores que pudieran analizar el susodicho NEO, ya que es un cuerpo que proviene de fuera de la Tierra, este tiene un gran valor científico.

5.3.8. Coordinación desde el terreno

5.3.8.1. Zonas de actuación

Dependiendo de las primeras valoraciones que efectúen los Grupos de Reconocimiento y el resto de la información disponible en los Centros de Coordinación de Emergencias, el director del Plan/ Comité de Dirección definirá las zonas de actuación.

El director de la zona de actuación será el que informará sobre el estado y evolución de la emergencia de esta zona y las necesidades de estos recursos al CCE / CECOPI.

5.3.8.2. Sectores operativos

De acuerdo con las características propias de cada zona de actuación (posibilidades de acceso de los recursos, gravedad y alcance de los daños, etc.), estas se podrán dividir en uno o más Sectores Operativos. Cada Sector Operativo estará al mando de un jefe de Sector, el cual seguirá las instrucciones del director de la zona de actuación.

En función de las tareas a desempeñar en cada sector, este se organizará en las siguientes áreas:

- Área de intervención: Es el área siniestrada y en la que se realizan las misiones de intervención directa.

- Área de socorro: Espacios colindantes, pero sin graves riesgos previsibles.
- Área base: Es aquella donde se puede llevar a cabo el acopio y organización de medios disponibles y reservas.

5.3.8.3. El Puesto de Mando Avanzado (PMA)

El PMA integrará los Coordinadores de las Unidades Básicas de Intervención desplegadas en el terreno.

Esta dirección será asumida por un mando de Bomberos, salvo que el director del Plan decida que dicha dirección deba ser asumida por personal del departamento competente en materia de protección civil y gestión de emergencias de la Generalitat.

5.3.9. El Centro de Recepción de Medios (CRM)

Se tendrán que establecer uno o varios CRM, desde donde se distribuirán los recursos. Estos serán gestionados por la Unidad Básica de Apoyo Logístico, en contacto permanente con el CECOPI y en coordinación con el CECOPAL del municipio afectado.

5.3.10. Participación de recursos de las Fuerzas Armadas

Se activará si la Dirección General del Departamento de Estado es necesaria en la resolución de una emergencia:

- Los recursos militares se pueden integrar en una variedad de unidades de intervención básicas, incluida la intervención directa, el apoyo logístico, la seguridad, la atención médica, el refugio y el apoyo.
- El director del plan, en consulta con el Oficial de Enlace de la UME, determinará el tipo y gravedad de la emergencia, la extensión del territorio, la coordinación de los recursos de campo, las necesidades de vehículos, y las características que

desarrollarán los integrantes. Midiendo así su ámbito de actuación.

- Los medios del ejército son en todo caso dirigidos por su comandante natural.

5.3.11. El CECOPAL

- En situación 1 el CECOPAL deberá mantener constantemente la comunicación con el CCE/CECOPI.
- A requerimiento del director del Plan deberá asumir la dirección de la zona de actuación.
- Facilitar información a las personas durante la emergencia, a través de medios propios del PTM/PAM y los medios de comunicación social de ámbito local.
- Facilitar los documentos de evacuación del PTM al CCE/CECOPI.

5.4. Operatividad

5.4.1. Preemergencia

En el caso de una amenaza de colisión de un objeto cercano a la Tierra se obtendrá la información según lo establecido por la IAWN y la ESA siguiendo el plan de «Distribution of information for a credible asteroid impact threat», el cual cuenta con las siguientes características:

1. Cuando se identifica una amenaza de impacto creíble, se verifican los datos de la NASA por una fuente europea o una independiente antes de la publicación. El segmento SSA-NEO publica información sobre la trayectoria de NEO e información sobre el impacto potencial (al menos la probabilidad y duración del impacto) en su sitio web http://neo.ssa.esa.int. Esta información estará pública para todos los NEO conocidos con una probabilidad de colisión distinta de cero.

2. El segmento SSA-NEO calculará el área de impacto potencial en el suelo y la liberación de energía esperada y los efectos del forzamiento del suelo. Se darán los mejores y peores escenarios.
3. SSA-NEO preparará información para cada uno de los siguientes grupos objetivo:
   a. Entidades políticas relevantes.
   b. Organizaciones de respuesta a emergencias.
   c. Los medios públicos (en algunos casos, solo una parte de esta información estará disponible).

Se tendrá que tener contacto con las principales organizaciones que se dedican a la investigación y obtención de datos relacionados que también podrán proveer información importante y son:

- ASE: Association of Space Explorers.
- ASF: Austrian Space Forum.
- ASI: Agenzia Spaziale Italiana.
- AT-14: Intersession Action Team No. 14 of the COPUOS CCB Configuration Control Board.
- CNES: Centre National d'Etudes Spatiales.
- COPUOS: Committee for the Peaceful Uses of Outer Space (United Nations) CSA Canadian: Space Agency.
- CNSA: Chinese National Space Agency.
- DART: Double Asteroid Redirection Test.
- DLR: Deutsches Zentrum für Luft- Und Raumfahrt.
- ESA: European Space Agency.
- ESO: European Southern Observatory.
- ESOC: European Space Operations Centre (ESA).
- ESRIN: European Space Research Institute.
- FEMA: Federal Emergency Management Agency (US).
- FFG: Austrian Research Promotion Agency (FFG).
- GA: General Assembly (UN).
- GSFC: Goddard Space Flight Center (NASA).
- HST: Hubble Space Telescope.

- IAC: International Astronautical Congress.
- IAU: International Astronomical Union.
- IAWN: International Asteroid Warning Network.
- JAXA: Japanese Space Agency.
- LEO: Low Earth Orbit.
- MOID: Minimum Orbit Intersection Distance.
- MPC: Minor Planet Center.
- NASA: National Aeronautics and Space Administration.
- NEO: Near Earth Object.
- NGO: Non-Government Organization.
- PHO: Potentially Hazardous Object.
- S/C: Steering Committee.
- SGAC: Space Generation Advisory Council.
- SMPAG: Space Mission Planning Advisory Group.
- SWF: Secure World Foundation.
- STSC: Scientific and Technical Subcommittee of COPUOS.
- ToR: Terms of References.
- UNOOSA: United Nations Office for Outer Space Affairs.
- VIC: Vienna International Centre.

Actualmente se está desarrollando la capacidad nacional de vigilancia y seguimiento espacial, que permite el seguimiento de reentradas atmosféricas, el estudio de fragmentaciones, la prevención de colisiones y el apoyo a los lanzamientos hacia el espacio. Para ello, se ha impulsado el Programa de Vigilancia y Seguimiento Espacial español, dentro de las contribuciones nacionales para la Agencia Europea del Espacio.

5.4.2. Emergencia

Si nos encontramos en fase de emergencia y el corredor de riesgo indica que hay posibilidad de que el NEO caiga en alguna parte de la Comunidad Valenciana, se informará a la población por prensa y anuncios de que hacer y de tenerlo todo preparado para una evacuación repentina.

Además, las autoridades deben prepararlo todo por si se debe hacer una evacuación de forma repentina, de tal forma de que si se hace la evacuación las únicas tareas sean el aviso y la supervisión de la evacuación, por parte de las autoridades.

La ESA enviará un informe diario de los datos correspondientes del NEO que va a impactar, del cual tendremos toda información necesaria actualizada diariamente para hacer frente a la emergencia, en el que nos darán datos como: la fecha de impacto, la hora de impacto, la velocidad de entrada, el tamaño, el día que se descubrió, la información sobre la órbita, la probabilidad de impacto, la composición, el grado en la Escala de Turín, el ángulo, el corredor del de impacto, etc. Hay una simulación de estos informes que proporcionará la ESA y cómo se va a ir actualizando en el Anexo 11.6.

Habrá que tener en cuenta los diferentes grupos dentro de la sociedad, ya que se tendrá que actuar y transmitir la información de forma diferente. Por ejemplo, las lenguas varían dependiendo de la zona, además de que puede haber una gran cantidad de turistas que pueden hablar en distintos idiomas, otra variable que se puede dar son los barrios humildes en los que puede no haber un buen registro de los habitantes del mismo. Para esto se hará uso de los planes territoriales de los municipios, en los que debería haber un estudio de dicha población.

5.4.3. Fase de vuelta a la normalidad

Según el Near-Earth Object Information Plan - Distribution of information for a credible asteroid impact threat. Después de la colisión, la ESA (Agencia Espacial Europea), proporcionará asistencia técnica a los Estados miembros y sus agencias de gestión de desastres designadas. En concreto, se facilitará la siguiente información:

- La hora y el lugar exactos del impacto.
- Estimación del tamaño del impacto y la liberación de energía.
- Otras medidas a disposición de la ESA.

Además, la Agencia Espacial Europea publicará un informe de «Lecciones aprendidas» con las agencias de respuesta a emergencias.

5.4.4. Medidas de protección a la población

- Desarrollar planes de actuación en los distintos municipios con un riesgo alto o medio, que ayuden a estructurar y planificar la lucha contra las amenazas de impacto de NEO potencialmente peligrosas.
- Llevar a cabo una encuesta exhaustiva de las misiones de mitigación de la defensa planetaria y las tecnologías relacionadas para revisar el proceso de planificación de la misión, buscando eliminar las amenazas potenciales que plantean los NEO e identificar las tecnologías clave necesarias en el nivel requerido.
- Desarrollar la capacidad de la Comunidad Valenciana en la vigilancia y en el seguimiento espacial, permitiendo el seguimiento de reentradas atmosféricas, el estudio de fragmentaciones, la prevención de colisiones y el apoyo a los lanzamientos hacia el espacio.
- Identificar y clasificar diferentes tipos de misiones y tecnologías de mitigación de defensa planetaria que desempeñan un potencial papel importante en la lucha contra las amenazas de impacto de NEO potencialmente peligrosas.
- Hacer simulacros de forma periódica de tal forma que las autoridades puedan practicar el su desempeño en el Plan Especial ante Riesgo por Impacto de Asteroide en la Comunidad Valenciana y familiarizarse con este tipo de emergencia.
- Formar a las autoridades implicadas en materia de riesgo por impacto de asteroide con la información que da el presente plan.
- Preparar la tecnología para que haya notificaciones relativamente breves y así poder establecer prioridades cuando surja el momento de usar esta tecnología. Desarrollar una clasificación de un posible conjunto de misiones de mitigación de

impactos e identificar las técnicas clave/importantes/técnicas necesarias para garantizar las misiones del conjunto de objetivos de protección planetaria requerida.

- Distribuir consejos de cómo actuar a la población para que sean conocedores de lo que deben hacer ante dicha situación y evitar el pánico en la medida de lo posible como vemos en el anexo 11.3.

5.4.5. Catálogo de medios y recursos

El plan incluye un directorio de instalaciones, recursos y servicios de organizaciones públicas y privadas, que pueden ser necesarias para responder a emergencias ante impacto de asteroide.

En el Anexo 11.5.1 y 11.5.2 nos encontraremos el catálogo de medios y recursos específicos y en el Anexo 11.5.3 nos encontraremos un listado de medios y recursos que puedan a llegar a necesitar si este riesgo sucede.

Por otra parte, la implementación de este plan no necesitará la obtención de recursos económicos, pero recomienda que se avance en la ejecución de la capacidad nacional y autonómica de la vigilancia y seguimiento espacial y se cree una unidad básica en la cual se establezca un grupo de científico de investigadores que pueda analizar el NEO.

5.4.6. Operativa de comunicaciones

5.4.6.1. Operativa de comunicaciones internacionales

Se definirán según dice el Near-Earth Object Information Plan - Distribution of information for a credible asteroid impact threat:

> Este Plan de Información define las comunicaciones y las acciones que la Agencia Espacial Europea (ESA) tomará en caso de una amenaza creíble de impacto NEO para comunicarse con los estados miembros

y otras autoridades. Si bien la comunicación con los medios y el público será una parte importante de la distribución efectiva en el caso de una amenaza creíble, se aborda por separado en el llamado Plan de comunicación de medios de crisis ESA SSA-NEO, que aún debe redactarse.

En el anexo 11.6. hay una simulación de un informe de la ESA hecha por la propia ESA que define las comunicaciones que llegarán en modo de informe a la autoridad correspondiente.

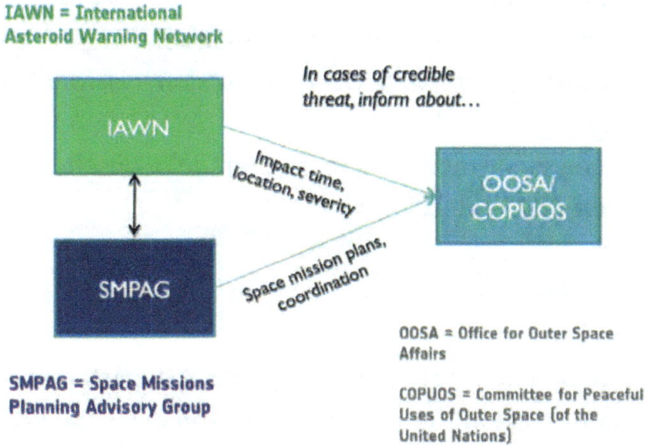

Figura 11: Los comités internacionales responsables de la amenaza de asteroides Fuente IAWN

5.4.6.2. Operativa de comunicaciones sobre el terreno

Los servicios de intervención dependientes de la Generalitat Valenciana utilizarán principalmente radiocomunicaciones TETRA COMDES en las operaciones sobre el terreno, que se organizarán conforme describe el Procedimiento de Comunicaciones del PTE.

5.5. Implantación y mantenimiento

5.5.1. Entrada en vigor del plan

El proceso de entrada en vigor del presente Plan será el siguiente:

- Informe favorable de la Comisión Técnica para la elaboración del plan.
- Informe favorable de la Comisión de Protección Civil de la Comunitat Valenciana.
- Aprobación mediante Decreto del Consell.
- Homologación por parte de la Comisión Nacional de Protección Civil.
- Entrada en vigor mediante resolución del Conseller competente en materia de Protección civil.

Después de la entrada en vigor del plan, La Conselleria competente en materia

de Protección Civil y los demás órganos y departamentos involucrados en la operación del plan tomarán todas las medidas necesarias para su implementación y mantenimiento.

5.5.2. Definición de las fases

Se definirán dos fases que se van a estructurar por separado: una será la fase de implementación y la otra la fase de mantenimiento.

5.5.2.1. Implementación

La implantación consta de las siguientes fases:

- Difusión del Plan.
- Verificación de la infraestructura del Plan.
- Programas de dotación y mejora de medios y recursos.

- Formación al personal de los organismos implicados.
- Información a los ayuntamientos y a la población.
- Simulacro.

5.5.2.2. Mantenimiento

El mantenimiento de la operatividad del plan consta de las siguientes fases:

- Comprobaciones periódicas.
- Formación permanente.
- Campañas divulgativas del riesgo.
- Realización de ejercicios y simulacros.
- Actualización y revisión del Plan.

5.5.3. Implantación del plan

5.5.3.1. Difusión del Plan

Después de la homologación del Plan, se tendrá que comenzar con el proceso de implantación del Plan, que se inicia con la distribución del mismo a cada uno de los organismos implicados.

Por ello, la Dirección General competente en materia de Protección Civil, deberá efectuar dicha distribución y organizar una reunión con los jefes de las Unidades Básicas cuyo objeto será informarles del Programa de Implantación previsto para el Plan Especial ante Riesgo por Impacto de Asteroide en la Comunidad Valenciana.

5.5.3.2. Verificación de la infraestructura del Plan

Cada órgano implicado deberá verificar la existencia y funcionamiento de las infraestructuras básicas para el funcionamiento del Plan, en concreto de:

- Dotación de medios necesarios al CECOPI y Gabinete de información y Unidades Básicas de Intervención.
- Sistema de transmisiones.

5.5.3.3. Formación del Personal de los organismos implicados

Se deberá formar al:

- Personal del CECOPI y el personal que desarrolla sus trabajos en los CCEs.
- Personal de las diferentes Unidades Básicas de Intervención.
- Personal de otros organismos y servicios involucrados en la operatividad del Plan Especial.

5.5.3.4. Proceso de implantación del Plan

Para asegurar la implantación y el conocimiento del Plan las fases que se efectuarán serán las siguientes:

1. Remisión de una copia de dicho Plan a los organismos implicados en él.
2. Reunir a los jefes de unidad para dar a conocer el programa de implantación y las actividades a realizar.
3. Difundir el Plan a los distintos componentes de las Unidades Básicas por parte de los responsables de cada organismo.
4. Dar la correspondiente información a los ayuntamientos.
5. Revisar la infraestructura que está disponible.
6. Adquirir y mejorar medios y recursos.
7. Actualizar el catálogo de recursos y el directorio telefónico.
8. Realizar protocolos de actuación internos por parte de los Servicios Operativos que integran las Unidades Básicas.
9. Hacer cursos de formación y adiestramiento para los diferentes servicios implicados.
10. Realizar un simulacro de dicho plan.

5.5.4. Mantenimiento de la operatividad del plan

Para realizar el mantenimiento de la operatividad de dicho plan, una vez terminado el proceso de implementación del plan se han de realizar las siguientes tareas:

- Comprobaciones periódicas.
- Formación permanente.
- Realización de simulacros.
- Revisión y actualización del Plan.

5.5.5. Información a la población

Se tendrá que informar a la población de:

- La implementación y existencia del plan.
- Los consejos de seguridad ciudadana ejemplo en el anexo 11.6.
- El riego por impacto de asteroide a modo de concienciación ciudadana.
- Como se retransmitirá la información a la población en el caso que se dé la emergencia.
- Información sobre la emergencia cuando haya ocurrido.

6

Difusión

Después de la revisión por parte de los distintos profesionales que involucren el plan y la homologación del mismo, se tendrá que comenzar con el proceso de implantación del Plan, que se inicia con la distribución del mismo a cada uno de los organismos implicados.

Por ello, la Dirección General competente en materia de Protección Civil deberá efectuar dicha distribución y organizar una reunión con los jefes de las Unidades Básicas, cuyo objeto será informarles del programa de implantación previsto para el Plan Especial ante Riesgo por Impacto de Asteroide en la Comunidad Valenciana.

7

Conclusiones finales

El riesgo ante impacto de asteroide tiene muchas similitudes a el riesgo sísmico o al riesgo por inundaciones, ya que tiene un periodo de recurrencia y requiere una metodología técnico-científica para el desarrollo de la planificación de la emergencia, por eso es preciso hacer planes con antelación para mitigar el riesgo y anticiparse a lo que suceda.

Además, este riesgo tiene todas las condiciones que tiene que tener un riesgo para que se haga un plan especial a nivel estatal y autonómico de él.

Habiendo hecho el estudio en la Comunidad Valenciana se determina que en los municipios de Alicante, Valencia y Elche habrá que tener un especial cuidado, por culpa de su alto riesgo por impacto de asteroide y, por lo tanto, desde este proyecto se considera que habría que exigir a estos municipios desarrollar un Plan de Actuación Municipal en cada uno de ellos, se recomienda este método de estudio para cada una de las comunidades autónomas.

Como conclusión final, al estudiar no solo la situación de la Comunidad Valenciana, sino también la situación a nivel estatal, es que España no está preparada para este suceso y que, si sucede el día de mañana, el daño que causaría sería devastador en caso de que caiga en terreno urbano. Por ello el presente estudio recomienda la creación del Plan Especial Estatal ante Riesgo por Impacto de Asteroide y así poder desarrollar también un Plan Especial ante Riesgo de Impacto de Asteroide en cada una de las Comunidades Autónomas estableciendo el Plan Especial Estatal ante Riesgo por Impacto de Asteroide como Plan Director, el cual se active cuando la emergencia se considere de interés nacional y, por lo tanto, sea una emergencia de situación 2.

9

Bibliografía

20minutos (2020, 23 febrero). La web que muestra cómo afectaría el impacto de un meteorito en tu ciudad. www.20minutos.es - Últimas Noticias. https://www.20minutos.es/gonzoo/noticia/4161308/0/web-muestra-como-afectaria-impacto-meteorito-ciudad/

ALBÁN, C., ASCANTA, L., BARROS, B., & MONTERO, H. (2015). Plan de capacitación en senderismo y señalética en la Comunidad Cocha-Uma parroquia Zumbahua Cantón Pujilí Provincia de Cotopaxi. Proceeding Jornadas de Socialización de Proyectos Integradores: Innovando Investigación y Aplicando con Creatividad, 1(1), 29-29.

Autor, L. (2020, 8 abril). TODA LA INFORMACIÓN SOBRE LA FUNCIÓN DE LA ESCALA DE PALERMO. Conozcamos los planetas, la luna, el sol y todo el sistema. solar. https://misistemasolar.com/escala-de-palermo/#-Diferencias_entre_la_Escala_de_Palermo_y_la_Escala_de_Turin

BBC News Mundo (2019, 6 mayo). El simulacro de la NASA en el que un asteroide destroza Nueva York (y por qué 240 expertos no pudieron evitarlo). https://www.bbc.com/mundo/noticias-48181464

Daniel Mediavilla (2019, 7 septiembre). Descubren en un meteorito un mineral nunca visto en la Tierra. El PaÃs. https://elpais.com/el-pais/2019/09/05/ciencia/1567704113_101705.html

ESA SSA-NEO team (2016, mayo). Near-Earth Object Information Plan - Distribution of information for a credible asteroid impact threat (N.o 1). https://iawn.net/documents/supporting/ESA-SSA-NEO-PL-0017_1_1_NEO_Information_plan_2016-05-09.pdf

Escala de Turín (2022, 2 febrero). En Wikipedia, la enciclopedia libre. https://es.wikipedia.org/wiki/Escala_de_Tur%C3%ADn

Landau, E. (2013, 15 febrero). Cinco cosas que deberías saber sobre el meteorito que impactó Rusia y el asteroide. CNN. https://cnnespanol.cnn.com/2013/02/15/cinco-cosas-que-deberias-saber-sobre-el-meteoro-que-impacto-rusia-y-el-asteroide/

Gutiérrez Merino, J. (2016). Los meteoritos.

Jm Madiedo (2022, 15 enero). Meteorite fall in the southMorrison,(Jan. 14) // Cae un meteorito en Ciudad Real (14 de enero) [Vídeo]. YouTube. https://www.youtube.com/watch?v=xGR5LLk25Mk&t=30s

Morrison, Chapman, Steel, Binzel, D. C. R. D. R. P. (2013). La escala de Turín. Astronoo - El universo en todos sus estados, Impacts and the Public (Communicating the Nature of the Impact Hazard), 1. http://www.astronoo.com/es/articulos/escala-de-turin.html

NASA (2011). What's Hitting Earth? | Science Mission Directorate. [en línea] De: https://science.nasa.gov/science-news/science-at-nasa/2011/01mar_meteornetwork [Acceso 12 Ago. 2017].

Nícolas-Álvarez, J. N. A. [Fuga Astronáutica] (2021, 30 diciembre). ¿Estamos preparados para el IMPACTO de un ASTEROIDE? ¿Deberíamos preocuparnos? | La escala de Turín [Vídeo]. YouTube. https://www.youtube.com/watch?v=Z04kbiUWtrg

Osn (2018). Estación de detección de meteoros | Observatorio de Sierra Nevada. [online] Disponible en: https://www.osn.iaa.csic.es/page/estacion-deteccion-meteoros [Acceso 4 Oct. 2018].

Rodriguez, V. P. (2021, 2 mayo). La NASA simula el impacto de un asteroide: no puede evitar que choque con Europa. Business Insider España. https://www.businessinsider.es/nasa-simula-impacto-asteroide-no-puede-evitar-choque-europa-858269

Sánchez, G. L. (2016, 15 octubre). Entrevista a Mark McCaughrean: «Primero arregla la Tierra y entonces quizás podamos viajar a Marte en. lavoz-

digital. https://www.lavozdigital.es/ciencia/abci-entrevista-mark-mccaughrean-estamos-expandiendo-tierra-como-virus-malvado-y-pretendemos-marte-201610142137_noticia.html
Space Mission Planning Advisory Group (2019, septiembre). Work Plan (N.o 2). https://www.cosmos.esa.int/documents/336356/336472/SMPAG-PL-002_2_0_Workplan_2019_09-01+%283%29.pdf/a117c9aa-27c1-788c-7d30-513fb7c06367?t=1590414041069
SSA NEO Segment Operation, Maintenance and Enhancement P2-NEO-I, & Perozzi, E. (2016, octubre). The Near-Earth Asteroid Risk Communication Days Report (N.o 1). Risk Communication Days Report. https://iawn.net/documents/supporting/SSA-P2NEOI-RP-001_1_1_Risk_Comm_Days_2016-10-12r.pdf
Trigo-Rodríguez, J. M., & Madiedo, J. M. (2013). Asteroides y cometas: cuerpos progenitores de meteoritos. Enseñanza de las Ciencias de la Tierra, 21(3), 293-293.

8.1. Webgrafía

Cosmos Home - Cosmos (2022). Cosmos. https://www.cosmos.esa.int
IAWN: IAWN Home (2013). IAWN. https://iawn.net
Instituto Geográfico Nacional (2020). IGN. http://www.ign.es/web/ign/portal/inicio
McBurney, P. (2020). Asteroid Damage Visualization Map. Asteroid Damage Visualization Map. https://asteroidcollision.herokuapp.com
NEOCC - NEO (2022, 29 marzo). NEO.SSA.ESA. https://neo.ssa.esa.int

10

Agradecimientos

Quiero expresar mi más sincero agradecimiento a todas las personas e instituciones que hicieron posible la realización de este libro.

En primer lugar, a mi profesor de Planificación en Planes de Emergencia, Salvador Alfonso Vicent. Gracias, por tu constante apoyo, orientación y por compartir tu vasto conocimiento conmigo. Tu pasión por la enseñanza y la gestión de emergencias ha sido una inspiración constante y sin tu guía, este proyecto no habría sido posible.

También deseo agradecer a la Policía Local de la Vila Joiosa por darme la oportunidad de realizar mis prácticas con ellos. Agradezco su hospitalidad, paciencia y disposición para enseñarme. La experiencia práctica que adquirí trabajando con ustedes ha sido invaluable y ha ampliado enormemente mi comprensión de la gestión de emergencias a nivel local.

Además, quiero expresar mi gratitud al Departamento de Prevención Contra Catástrofes del Ayuntamiento de Bergedorf, en Alemania. Gracias por permitirme trabajar con ustedes y por mostrarme cómo se preparan y gestionan las catástrofes fuera de España.

Por último, pero no menos importante, agradecer a mi familia y a todos mis amigos cercanos que están día a día conmigo. Les guardo el lugar más especial dentro de mi corazón.

A todos ustedes, gracias por su apoyo y por la oportunidad de aprender de los mejores.

11

Anexos

10.1. Planos

10.1.1. Plano de habitantes por término municipal censo 2011-11-01

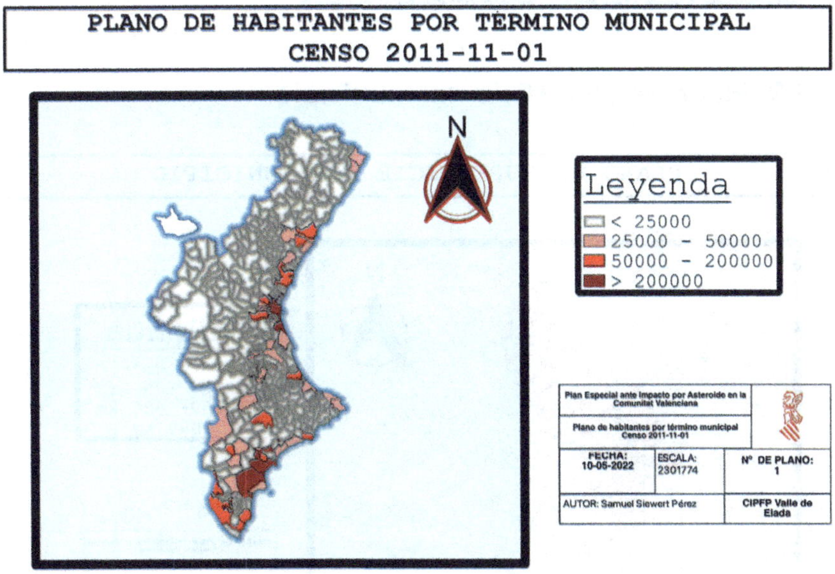

10.1.2. Plano de habitantes por término municipal estimación 2021-01-01

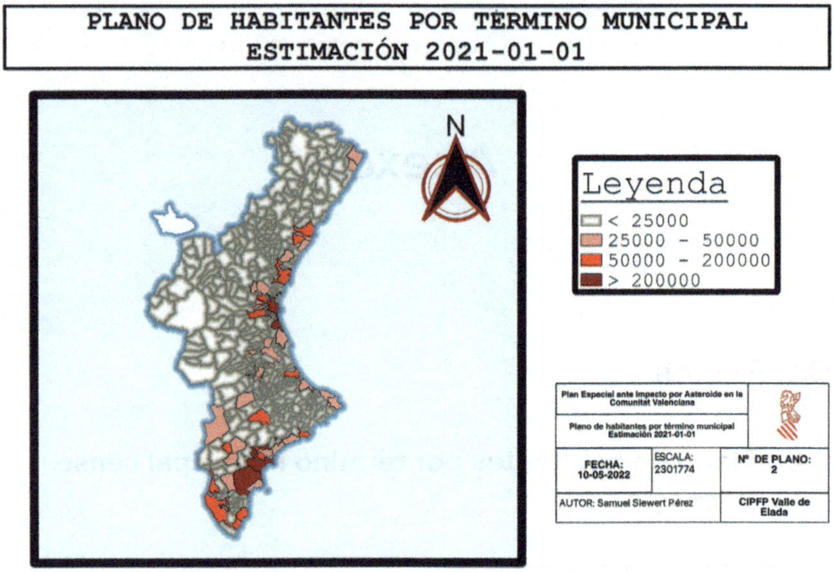

10.1.3. Plano de superficie del municipio

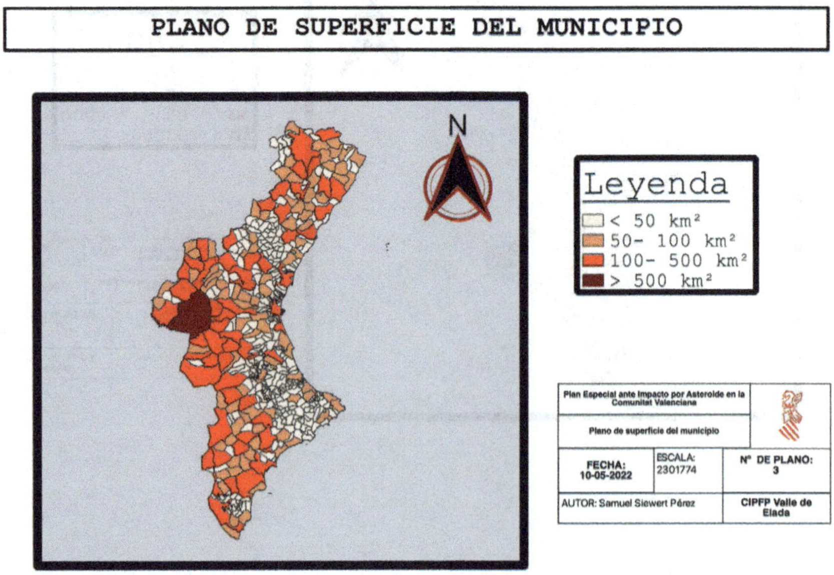

10.1.4. Plano de superficie urbanizada

PLANO DE SUPERFICIE URBANIZADA

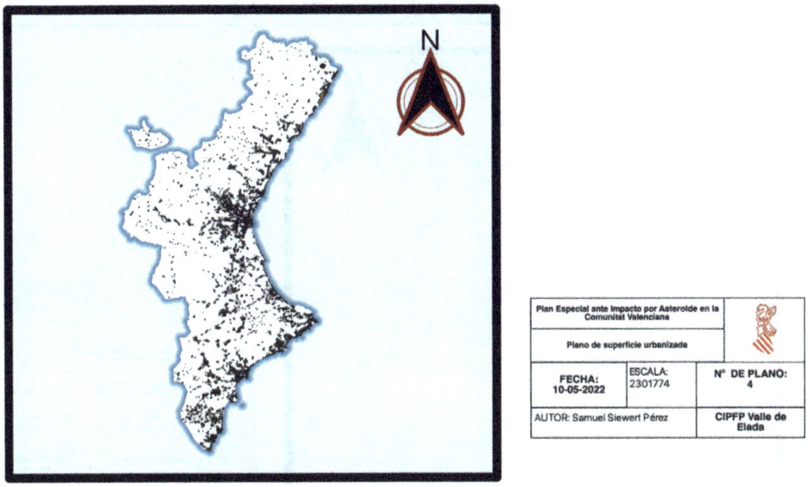

10.1.5. Plano de municipios según superficie urbanizada

PLANO DE MUNICIPIOS SEGÚN SUPERFICIE UBANIZADA

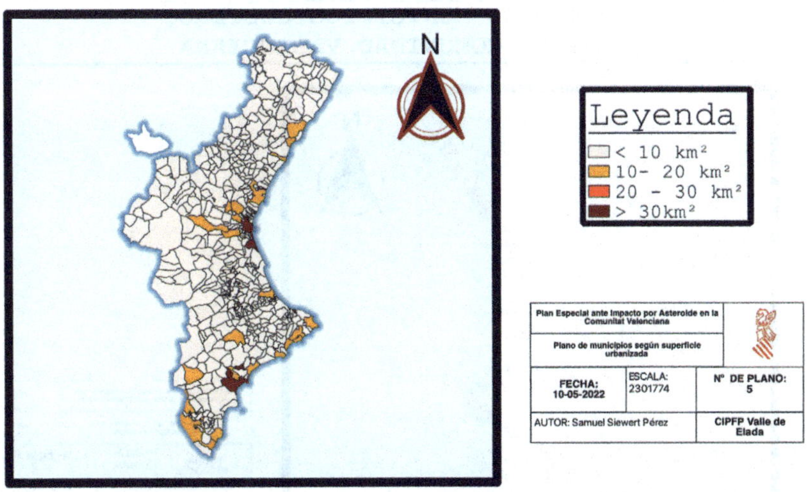

10.1.6. Plano de municipios de la Comunidad Valenciana afectados por presas

PLANO DE MUNICIPIOS DE LA COMUNIDAD VALENCIANA AFECTADOS POR PRESAS

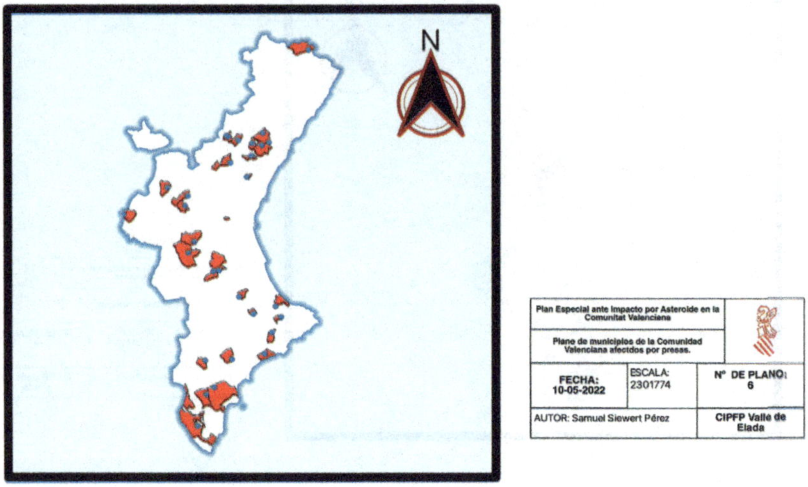

10.1.7. Plano de municipios costeros de la Comunidad Valenciana

PLANO DE MUNICIPIOS COSTEROS DE LA COMUNIDAD VALENCIANA

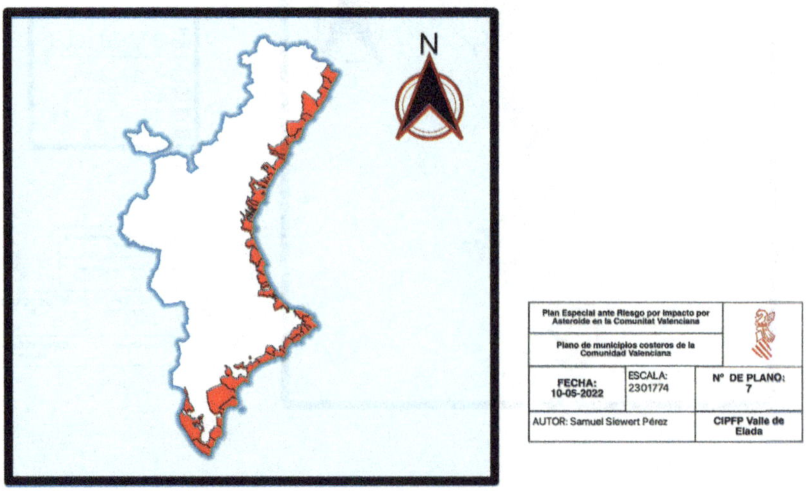

10.1.8. Plano de municipios de la Comunidad Valenciana con riesgo de incendio forestal

PLANO DE MUNICIPIOS DE LA COMUNIDAD VALENCIANA CON RIESGO DE INCENDIO FORESTAL

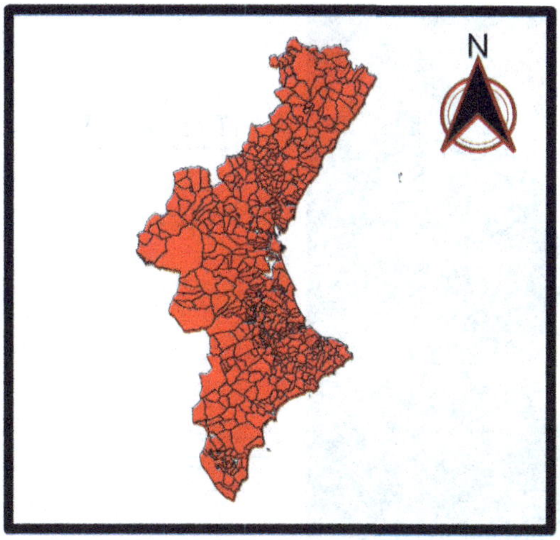

Plan Especial ante Riesgo por Impacto por Asteroide en la Comunitat Valenciana		
Plano de municipios de la Comunidad Valenciana con riesgo de incendio forestal		
FECHA: 10-05-2022	ESCALA: 2301774	Nº DE PLANO: 8
AUTOR: Samuel Siewert Pérez		CIPFP Valle de Elada

10.1.9. Plano de zona con riesgo grave de incendio por peligrosidad - PATFOR

PLANO DE ZONA CON RIESGO GRAVE DE INCENDIO POR PELIGROSIDAD-PATFOR

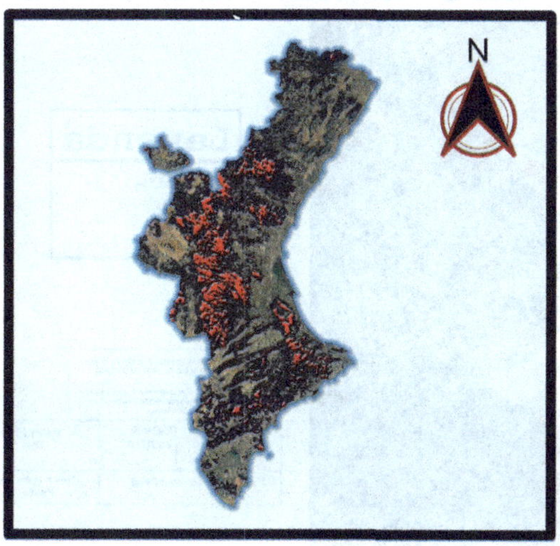

Plan Especial ante Riesgo por Impacto por Asteroide en la Comunitat Valenciana		
Plano de zona con riesgo grave de incendio por peligrosidad-PATFOR		
FECHA: 10-05-2022	ESCALA: 2301774	Nº DE PLANO: 9
AUTOR: Samuel Siewert Pérez		CIPFP Valle de Elada

10.1.10. Plano de exposición ante riesgo por impacto por asteroide en la Comunitat Valenciana

PLANO DE EXPOSICIÓN ANTE RIESGO POR IMPACTO POR ASTEROIDE EN LA COMUNITAT VALENCIANA

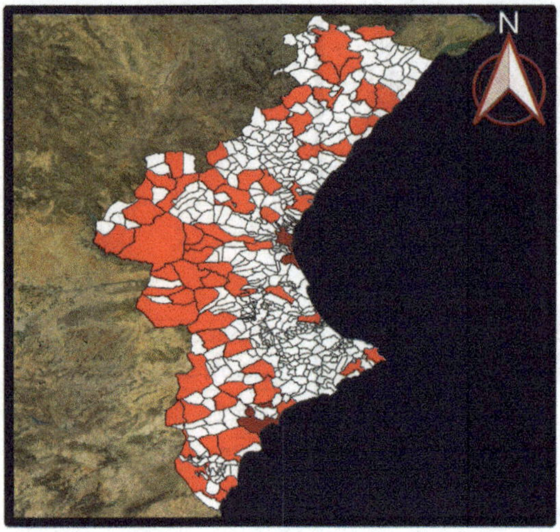

Leyenda

- BAJA
- MEDIA
- ALTA

Plan Especial ante Riesgo por Impacto por Asteroide en la Comunitat Valenciana		
Plano de exposición ante Riesgo por Impacto por Asteroide en la Comunitat Valenciana		
FECHA: 11-05-2022	ESCALA: 2301774	Nº DE PLANO: 10
AUTOR: Samuel Siewert Pérez		CIPFP Valle de Elada

10.1.11. Plano de vulnerabilidad ante riesgo por impacto por asteroide en la Comunitat Valenciana

PLANO DE VULNERABILIDAD ANTE RIESGO POR IMPACTO POR ASTEROIDE EN LA COMUNITAT VALENCIANA

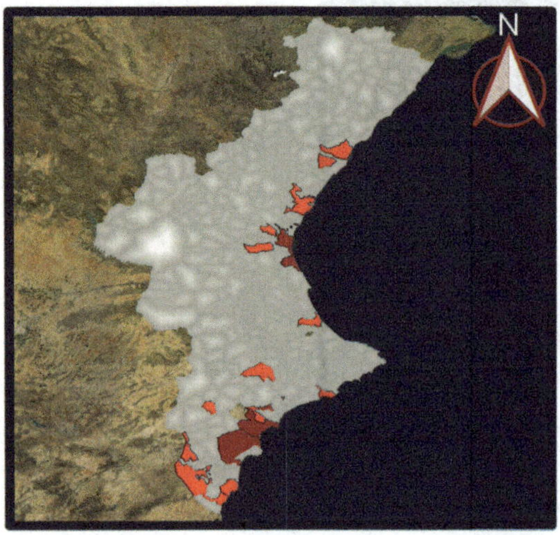

Leyenda

VULNERABILIDAD
- BAJA
- MEDIA
- ALTA

Plan Especial ante Riesgo por Impacto por Asteroide en la Comunitat Valenciana		
Plano de vulnerabilidad ante Riesgo por Impacto por Asteroide en la Comunitat Valenciana		
FECHA: 11-05-2022	ESCALA: 2301774	Nº DE PLANO: 11
AUTOR: Samuel Siewert Pérez		CIPFP Valle de Elada

10.1.12. Plano de peligrosidad ante riesgo por impacto por asteroide en la Comunitat Valenciana

PLANO DE PELIGROSIDAD ANTE RIESGO POR IMPACTO POR ASTEROIDE EN LA COMUNITAT VALENCIANA

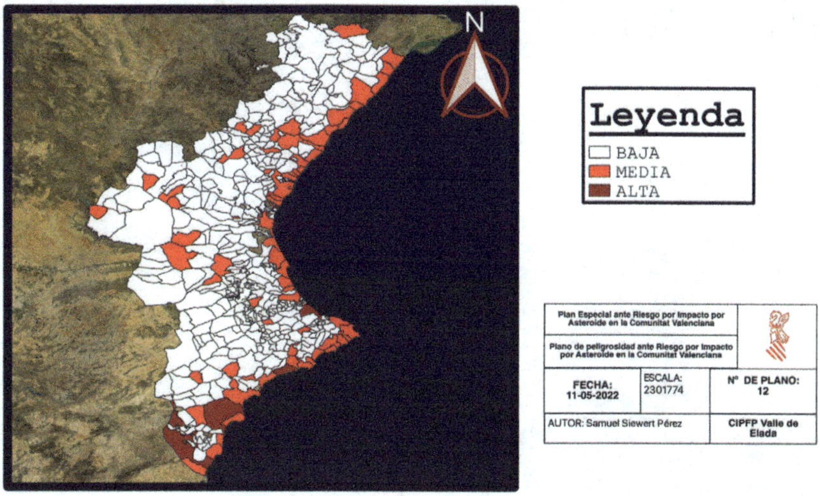

10.1.13. Plano de riesgo municipal ante impacto de asteroide en la Comunitat Valenciana

PLANO DE RIESGO MUNICIPAL ANTE IMPACTO DE ASTEROIDE EN LA COMUNITAT VALENCIANA

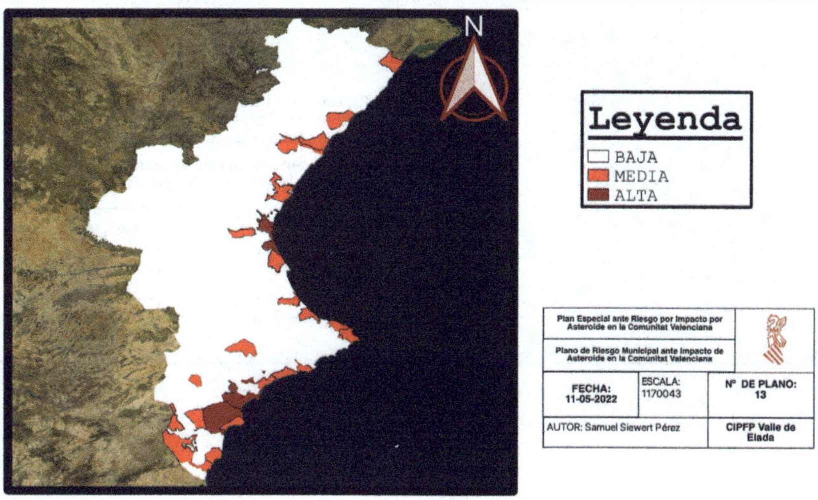

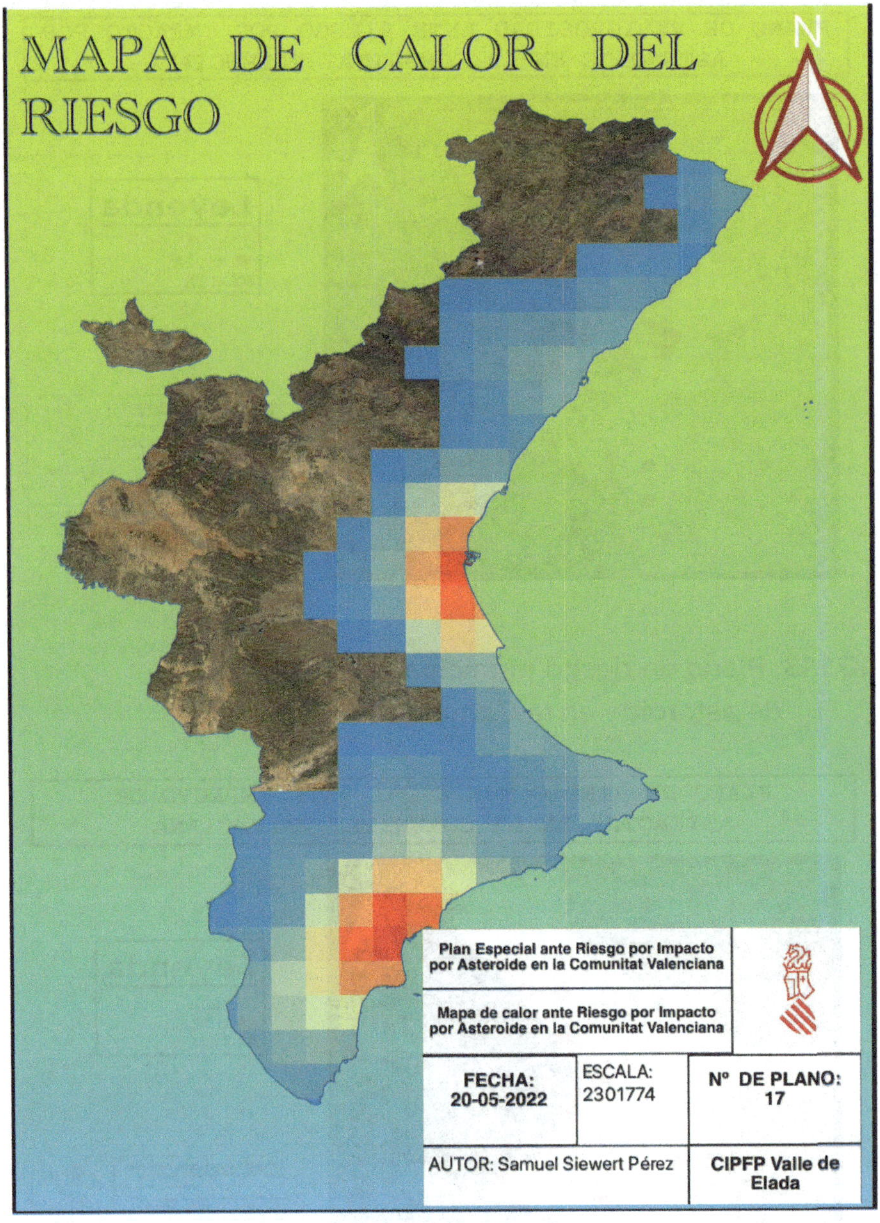
MAPA DE CALOR DEL RIESGO
N
Plan Especial ante Riesgo por Impacto por Asteroide en la Comunitat Valenciana
Mapa de calor ante Riesgo por Impacto por Asteroide en la Comunitat Valenciana
FECHA: 20-05-2022
ESCALA: 2301774
Nº DE PLANO: 17
AUTOR: Samuel Siewert Pérez
CIPFP Valle de Elada

10.1.14. Plano de riesgo municipal ante impacto de asteroide por provincias

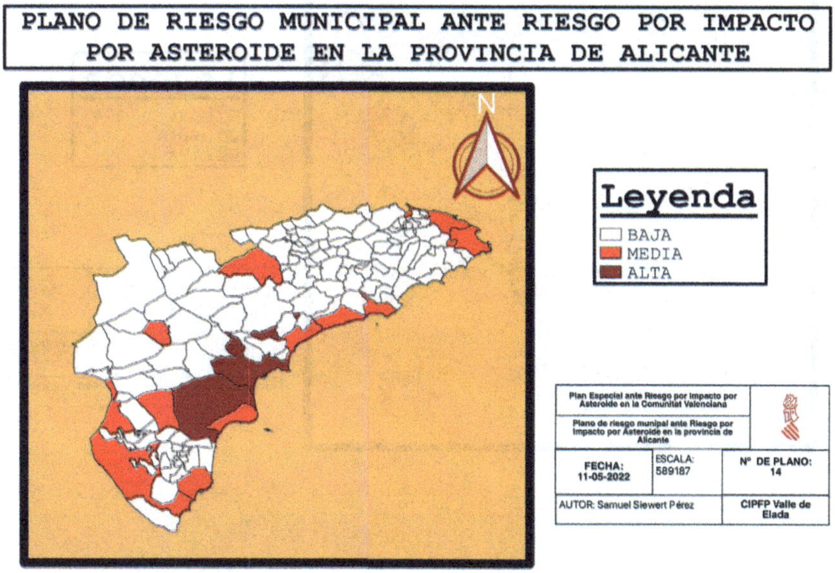

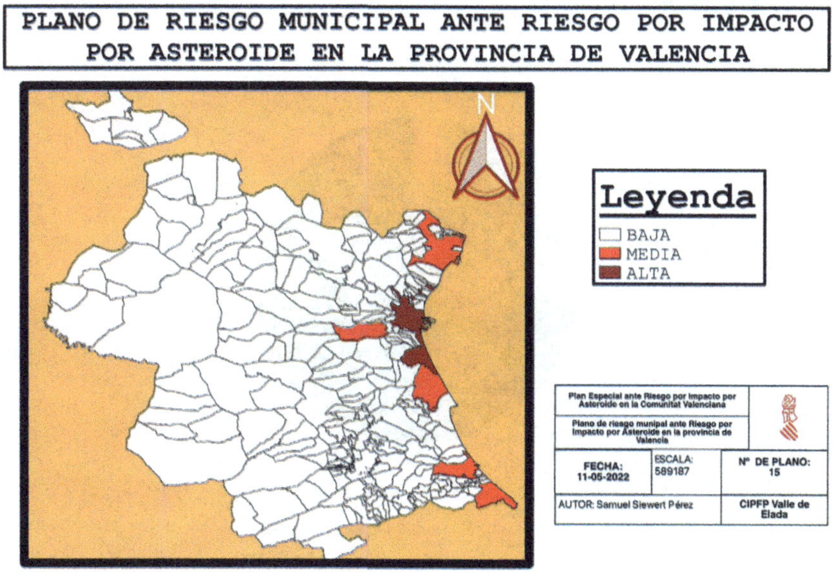

PLANO DE RIESGO MUNICIPAL ANTE RIESGO POR IMPACTO POR ASTEROIDE EN LA PROVINCIA DE CASTELLÓN

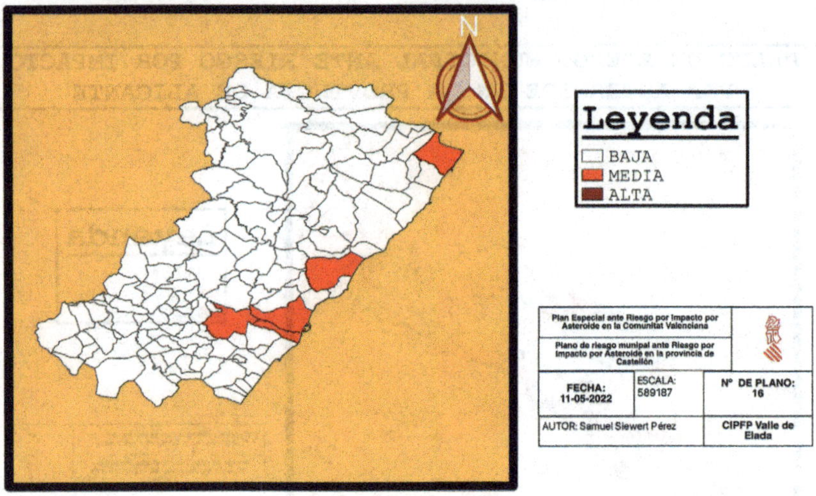

10.2. Estadísticas

MUNICIPIOS EN RIESGO DE ALICANTE

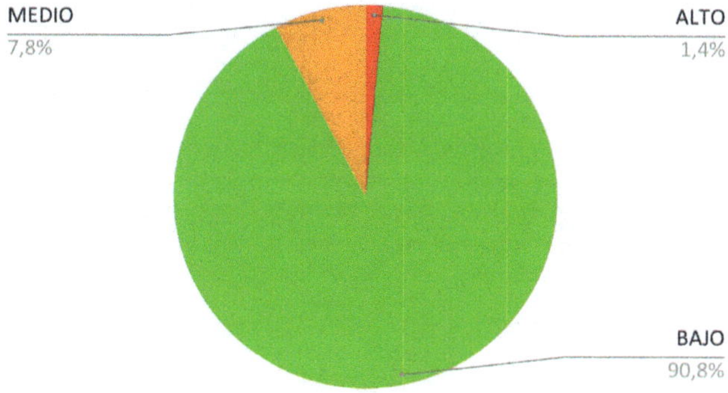

MUNICIPIOS EN RIESGO DE CASTELLÓN

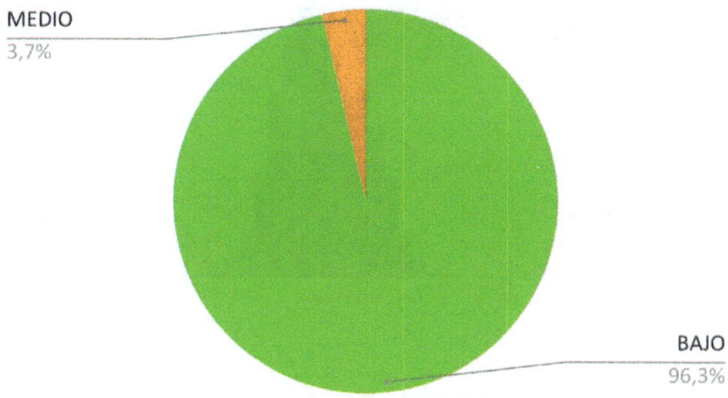

MUNICIPIOS EN RIESGO DE LA COMUNIDAD VALENCIANA

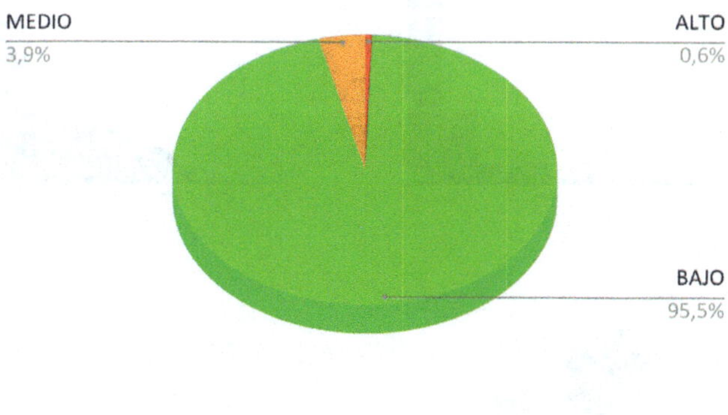

10.2.1. Descubrimientos de los NEO

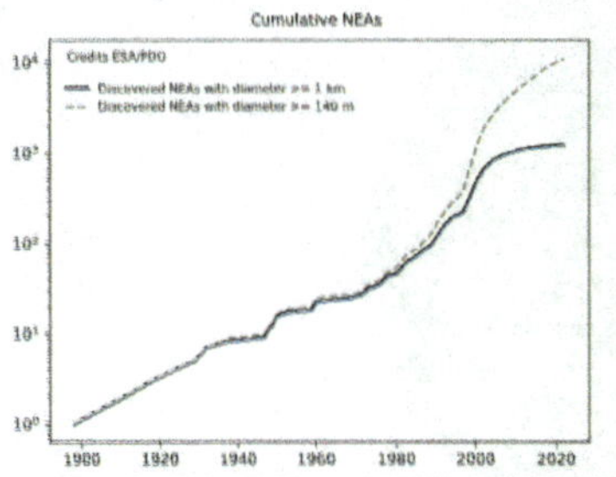

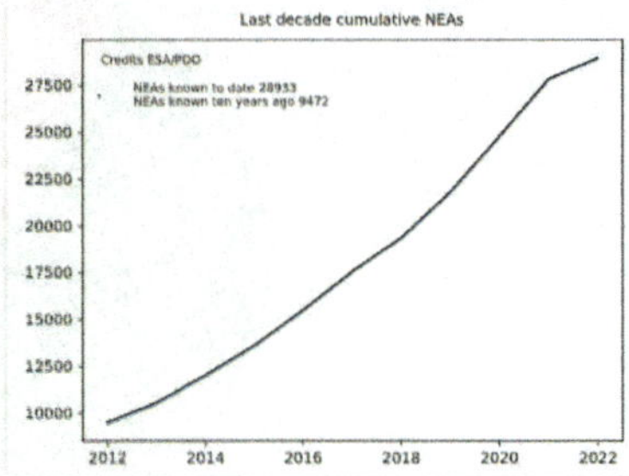

PARCELA DE MAGNITUD

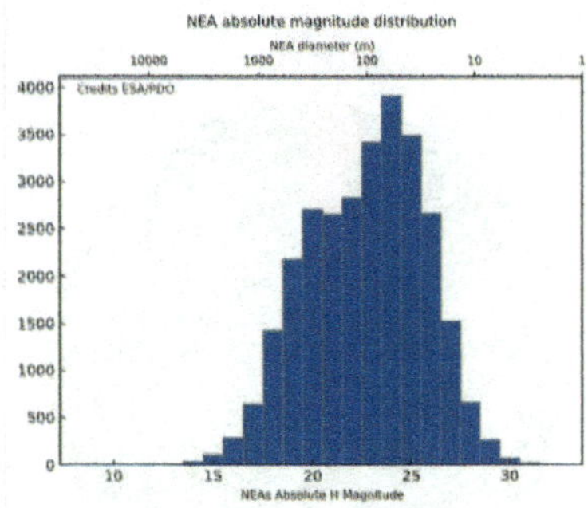

PARCELA DE DÉCADAS

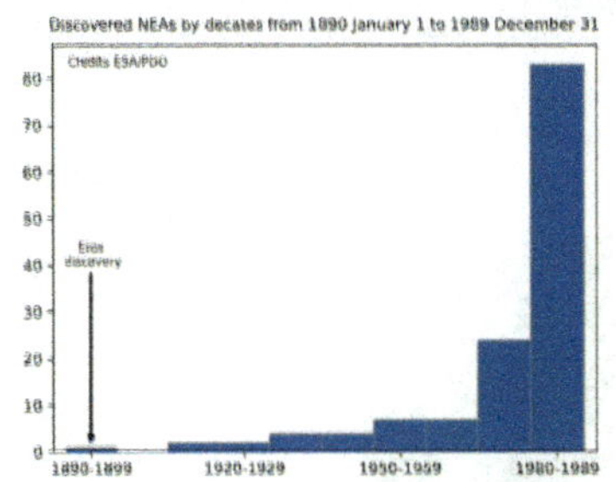

PARCELA ANUAL

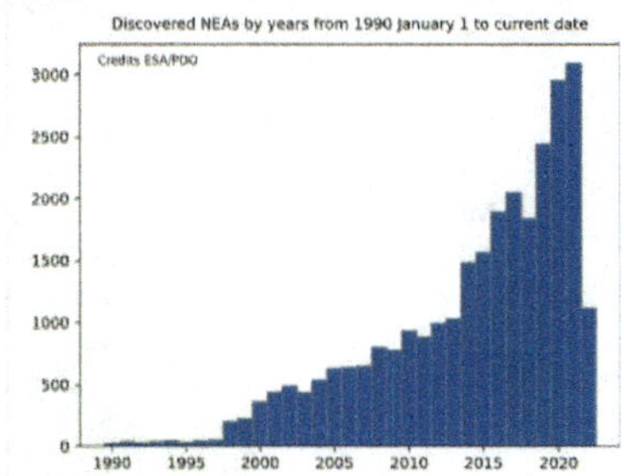

PARCELA DE TEMPORADA

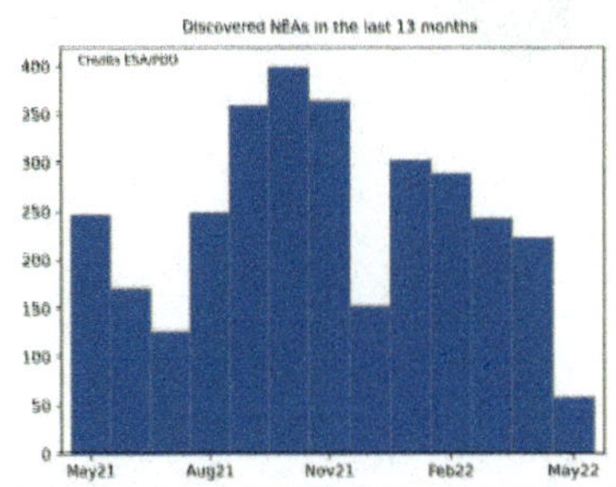

PARCELA ACUMULATIVA #1

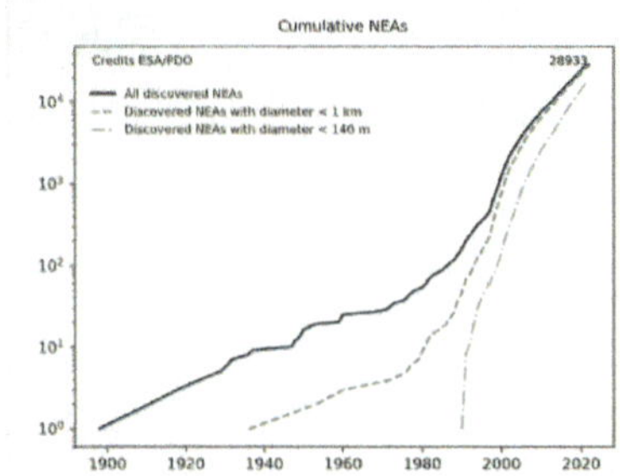

10.3. Divulgación

10.3.1. Póster consejos a la población

10.4. Tablas

10.4.1. Escala de Turín

10.4.1.1. Valores de la Escala de Turín

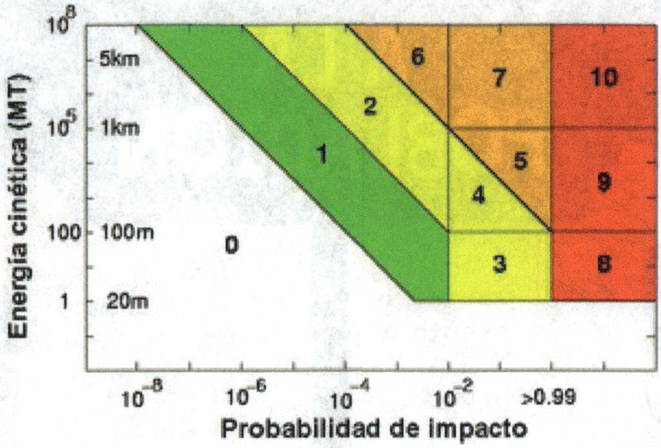

10.4.1.2. Riesgos y Grados de la Escala de Turín

RIESGO	GRADO	DESCRIPCIÓN
RIESGO NULO (blanco)	0	La probabilidad de colisión es cero, o tan baja que es prácticamente cero. Se aplica también a objetos pequeños como meteoros o cuerpos celestes que se desintegran a su paso por la atmósfera, o que raramente caen a la Tierra en forma de meteorito, y sólo excepcionalmente pueden causar daños de algún tipo.
NORMAL (verde)	1	Las observaciones ocasionales pueden descubrir el paso cerca de la Tierra de objetos que tienen un cierto peligro de colisión. Los cálculos y análisis realizados muestran que las probabilidades de colisión son extremadamente bajas y no merecen mucha atención y preocupación entre la gente. Con casi total probabilidad, las nuevas observaciones que se hagan llevarán a una reasignación al nivel 0.
	2	Colisión muy improbable de un objeto que lleva una trayectoria cercana a la Tierra. Merece la atención de los astrónomos, pero no hay motivo de preocupación por parte de la población, ya que el riesgo no es muy probable. Las nuevas observaciones pueden reasignar el riesgo al nivel 0.
MERECEDORES DE ATENCIÓN POR PARTE DE LOS ASTRÓNOMOS (amarillo)	3	Encuentro cercano, merecedor de atención por parte de los astrónomos. Los cálculos indican una probabilidad de colisión de hasta un 1%, capaz de causar destrucción a nivel local. Muy probablemente, las nuevas y más precisas observaciones reconduzcan el peligro al nivel 0. Será necesaria la atención del público y de las autoridades sobre todo si el riesgo de colisión está a menos de 10 años.
	4	Encuentro cercano, merecedor de atención por parte de los astrónomos. Los cálculos indican una probabilidad de colisión de más de un 1%, capaz de causar devastación a nivel regional. Muy probablemente las nuevas observaciones reasignarán el nivel de peligro a 0. Será necesaria la atención del público y de las autoridades sobre todo si el riesgo de colisión está a menos de 10 años.
	5	Encuentro cercano con un objeto que supone una amenaza seria, pero todavía incierta, de devastación regional. La atención crítica de los astrónomos es necesaria para determinar si existe o no la posibilidad de un choque. Si la colisión está prevista para menos de 10 años, deben considerarse medidas gubernamentales de urgencia.
ACONTECIMIENTOS PREOCUPANTES (naranja)	6	Encuentro cercano con un gran objeto que supone una amenaza seria, pero todavía incierta, de una catástrofe global. La atención crítica de los astrónomos es necesaria para determinar si existe o no la posibilidad de un choque. Si la colisión está prevista para menos de 30 años, deben considerarse medidas gubernamentales de urgencia.
	7	Encuentro muy cercano con un gran objeto, que si ocurriera en el mismo siglo, supondría una amenaza sin precedentes, pero todavía incierta, de catástrofe global. En estos casos, deben planificarse medidas internacionales, y especialmente la necesidad de determinar rápidamente y con la mayor certeza posible si la colisión tendrá lugar o no.
	8	La colisión es segura, y con capacidad para causar destrucción localizada si impacta en tierra o un tsunami si impacta en el mar. Tales acontecimientos se presentan de media entre una vez cada 50 años y una vez cada varios miles de años.
COLISIÓN SEGURA (rojo)	9	La colisión es segura, y con capacidad para causar destrucción regional sin precedentes si impacta en tierra o un tsunami devastador si lo hace en el mar. Tales acontecimientos se presentan de media entre una vez cada 10 000 años y una vez cada 100 000 años.
	10	La colisión es segura, y con capacidad para causar una catástrofe climática global que pueda amenazar el futuro de la civilización tal como la conocemos impacte donde impacte, en tierra o en el océano. Tales acontecimientos se presentan de media una vez cada 100 000 años o más.

10.4.1.3. Destrucción según diámetro y grado del NEO

Información ante colisión segura		
Grado	Diametro del NEO	Destrucción
8	10-50 m	Local
9	50-150m	Regional
10	> 1km	Extinción global

10.4.2. Tipos de NEO

Tipo de NEOS según su órbita			
Grupo	Definición	¿Es peligroso?	Foto
Grupo Amor	Tanto el afelio de la orbita del NEO como en el perihelio está a más de 1´017 UA. Por lo tanto su órbita no se cruza con la óbita de la tierra.	NO	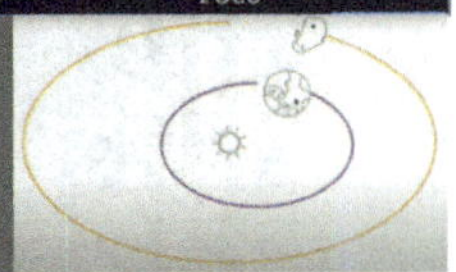
Grupo Atira	Tanto el afelio como en el perihelio de la orbita del NEO está a menos de 1´0 UA. Por lo tanto su órbita no se cruza con la óbita de la tierra	NO	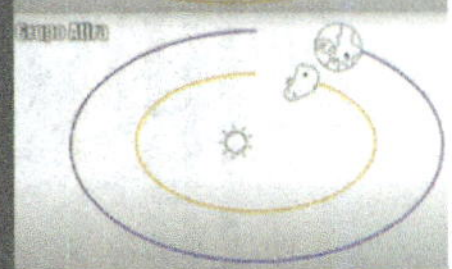
Grupo Apolo y Aten	Tienen un perihelio inferior a una unidad astronómica y un afelio superior a una unidad astronómica. Por lo tanto hay dos puntos por la que las trayectorias se cruzan	SI	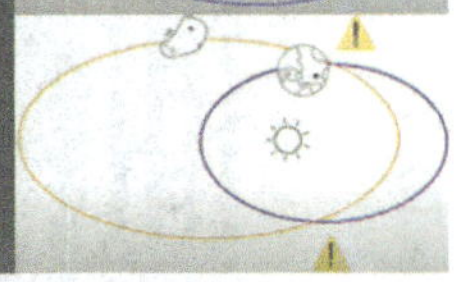

10.4.3. Escala de Palermo

$$P = LOG10 \frac{PI}{FBT}$$

Escala técnica de Amenaza de Impacto de Palermo

- PI = probabilidad de impacto
- FB= frecuencia anual de impacto. Actualmente estimado en 0,03E^-0,8
- T= Periodo que falta para el evento

10.5. Catálogo de medios y recursos

10.5.1. Recursos Ayuntamiento de Valencia específicos

La Unidad Canina de Búsqueda y Rescate está encuadrada como una Unidad de la Agrupación de Voluntarios de Protección Civil del Ayuntamiento de Valencia, compuesta en gran parte por personal perteneciente al Servicio de Bomberos, Prevención e Intervención en Emergencias.

La sede de la UCR se encuentra en el Parque de Bomberos «VICENTE SIVERA», sito en la C/ Daniel Balaciart, 12.

El directorio telefónico para la movilización de estos recursos se encuentra informatizado en el Centro de Coordinación de Emergencias de la Generalitat.

La Unidad Canina de Búsqueda y Rescate está formada por 20 miembros.

Colaboradores de la Unidad Canina de Búsqueda y Rescate: La Unidad Canina tiene personal técnico: arquitectos técnicos y arquitectos que colaboraban y pueden formar parte de los grupos de trabajo en caso de necesidad, ampliando, por tanto, el espectro de respuesta.

Así mismo, dado que la Unidad Canina está vinculada al Servicio de Bomberos, Prevención e Intervención en Emergencias, podría aumentar sus recursos tanto humanos como materiales, ampliando, por tanto, su capacidad de trabajo.

La Unidad está trabajando actualmente con un total de 7 perros, de los cuales se encuentran en condiciones óptimas de trabajo 5. Le tendencia es a tener un total de 10 perros.

La Unidad dispone de diverso material que puede ser agrupado en las siguientes categorías:

- Material de rescate.
- Material de adiestramiento de perros material individual.
- Material electrónico.

- Material sanitario.
- Herramientas.
- Otro material.

10.5.2. Recursos ONGD Intervención, Ayuda y Emergencias (IAE) específicos

La sede está situada en C/ ALCALDE TORREMOCHA, 22, 46680 ALGEMESI (VALENCIA) y tiene dos equipos en la Comunitat Valenciana:

Valencia: 22 miembros con capacidad de movilización de 17 unidades caninas.

Alicante: 7 miembros con capacidad de movilización de 4 unidades caninas.

El Directorio telefónico para la movilización de estos recursos se encuentra informatizado en el Centro de Coordinación de Emergencias de la Generalitat.

Los medios y recursos disponibles pueden agruparse en las siguientes categorías:

- Material electrónico de localización.
- Equipo de intervención.
- Material de rotura.
- Material de corte.
- Herramientas.
- Generadores eléctricos y material de iluminación.
- Material para rescates verticales.
- Material de rescate.
- Material de alojamiento en catástrofes.
- Sistemas de comunicación.
- Alimentación de emergencia.
- Potabilizadora de aguas.

10.5.3. Posibles medios, materiales y recursos a necesitar

10.5.3.1. Lista de NEOs de la ESA

Lista de riesgos especiales la ESA			
No.	Object designation	Diameter in m	Impact date/time in UTC
1	101955 Bennu	484	103267,85
2	29075 1950DA	1300	358015,992

Lista de riesgos de la ESA						
No.	Designador de objetos	Diámetro en m	Fecha/hora de impacto en UTC	IP máx.	PS max	TS
1	2021QM1	50*	2052-04-02 1:36	1/3278	-2,71	0
2	2010RF12	8*	2095-09-05 23:49	1/14	-3,07	0
3	1979XB	700*	2056-12-12 21:39	1/3.5E6	-3,22	0
4	2000SG344	40*	2071-09-16 0:57	1/1146	-3,37	0
5	2008JL3	30*	2027-05-01 9:06	1/6711	-3,66	0
6	2021GX9	30*	2032-04-16 21:51	1/19880	-3,67	0
7	2020FA5	210*	2110-10-29 6:46	1/552486	-3,74	0
8	2018JD	16*	2067-05-08 13:22	1/793	-3,82	0
9	2011DU9	16*	2046-02-23 20:45	1/1443	-3,9	0
10	2012QD8	90*	2047-03-08 23:18	1/169491	-3,9	0

POSIBLES IMPACTOS SEGÚN LA ESA				
2021QM1				
Fecha en UTC	MJD	σ	σ_imp	Distancia ± Ancho en RE
2052-04-02.067	70.629.067	0,017	0	0,78 ± 0,006
2052-04-02.097	70.629.097	4.978	0	0,13 ± 0,005
2054-04-02.586	71.359.586	0,024	0	0,71 ± 0,006
2054-04-02.588	71.359.588	0,033	0	0,63 ± 0,006

IP max	PS max	Vel. in km/s	In list since in d	Comment
292926	-1.59	12.68	2350	Impact Date > 100 years
1/51020	-2.13	17.99	2353	Impact Date > 100 years

Años	IP cum	PS cum	Vel. en km/s	En la lista desde en d
2052-2054	1/3278	-2,71	23.72	256
2095-2119	1/14	-3,07	12.29	4267
2056-2117	1/1.11E6	-2,89	27.54	4959
2069-2119	1/371	-2,95	11.27	4959
2027-2119	1/6097	-3,65	14.01	4959
2032-2052	1/19880	-3,67	20.17	393
2077-2116	1/440528	-3,64	29.34	778
2067-2119	1/568	-3,68	13.76	1468
2043-2059	1/1432	-3,9	14.21	4041
2042-2115	1/164203	-3,89	23.58	3553

Estiramiento en RE/σ	IP	Exp. energía	PS	TS
2.16E3	3.05E-4	2.76E-3	-2,71	0
8.34E4	4.50E-11	4.14E-10	-9,54	0
2.15E6	3.29E-7	2.97E-6	-5,71	0
4.27E7	1.83E-8	1.66E-7	-6,96	0

10.5.3.2. Simulación de un informe de la ESA

COMPARACIÓN DE LOS DATOS DE LOS MUNICIPIOS		
MUNICIPIO	Población Censo 2011-11-01	Población Estimación 2021-01-01
Ademuz	1250	1027
Ador	1497	1772
Agost	4752	4906
Agres	576	580
Agullent	2464	2369
Aielo de Malferit	4695	4592
Aielo de Rugat	185	160
Aigües	1051	1049
Aín	139	135
Alaquàs	30148	29649
Albaida	6153	5975
Albal	15695	16646
Albalat de la Ribera	3491	3368
Albalat dels Sorells	3909	4110
Albalat dels Tarongers	1138	1324
Albatera	11690	12714
Alberic	11154	10571
Albocàsser	1385	1253
Alborache	1245	1283
Alboraia/Alboraya	22915	24904
Albuixech	3948	4189
Alcalà de Xivert	7826	6691
Alcalalí	1334	1336
Alcàntera de Xúquer	1379	1402
Alcàsser	9459	10266
Alcocer de Planes	222	243
Alcoleja	193	181
Alcoy/Alcoi	60716	59128
Alcublas	769	610
Alcudia de Veo	221	196
Aldaia	30641	32313

SUPERFICIE	SUPERFICIE URBANIZADA	SUPERFICIE SIN URBANIZAR	SU RED
100313840,9	483664,711	99830176,189	483665
13830367,84	1363292,898	12467074,942	1363293
66637547,82	2751769,394	63885778,426	2751769
25836670,32	516690,461	25319979,859	516690
16239022,18	2607204,908	13631817,272	2607205
26739307,61	1725542,109	25013765,501	1725542
7830768,891	46301,011	7784467,88	46301
18472966,81	525301,02	17947665,79	525301
12289452,77	42961,142	12246491,628	42961
3901395,842	3095301,979	806093,863	3095302
35414216,55	1808499,721	33605716,829	1808500
7331453,148	3003474,309	4327978,839	3003474
14354352,34	667823,491	13686528,849	667823
4621097,395	1440775,179	3180322,216	1440775
21345414,31	880672,468	20464741,842	880672
61542701,13	3054453,286	58488247,844	3054453
26792337,61	7346635,421	19445702,189	7346635
82294514,19	414614,251	81879899,939	414614
27331866	835481,714	26496384,286	835482
8352525,69	1998468,299	6354057,391	1998468
4394138,558	1524085,736	2870052,822	1524086
167533130,1	6673121,66	160860008,44	6673122
14397374,24	1285899,723	13111474,517	1285900
3324749,012	295127,327	3029621,685	295127
9003873,164	1993530,169	7010342,995	1993530
4387346,92	24420,451	4362926,469	24420
14559926,43	74458,917	14485467,513	74459
129860647,7	11751929,339	118108718,361	11751929
43473158,24	270502,366	43202655,874	270502
30657056,3	73271,191	30583785,109	73271
16050624,38	5273812,047	10776812,333	5273812

COMPARACIÓN DE LOS DATOS DE LOS MUNICIPIOS		
MUNICIPIO	Población Censo 2011-11-01	Población Estimación 2021-01-01
Alfafar	20702	21415
Alfafara	416	408
Alfara de la Baronia	559	590
Alfara del Patriarca	3216	3301
Alfarp	1541	1564
Alfarrasí	1302	1206
Alfauir	421	467
Alfondeguilla	879	870
Algar de Palancia	549	499
Algemesí	28203	27305
Algímia d'Alfara	1062	1079
Algimia de Almonacid	296	240
Alginet	13607	13942
Algorfa	3312	3396
Algueña	1506	1334
Alicante/Alacant	329325	337304
Almàssera	7296	7433
Almassora	25522	26878
Almedíjar	302	254
Almenara	6059	6254
Almiserà	312	264
Almoines	2355	2528
Almoradí	19280	21404
Almudaina	119	117
Almussafes	8475	8984
Alpuente	759	659
Altea	22385	22657
Altura	3784	3658
Alzira	44662	44865
Andilla	398	315
Anna	2729	2627
Antella	1414	1127
Arañuel	199	152

SUPERFICIE	SUPERFICIE URBANIZADA	SUPERFICIE SIN URBANIZAR	SU RED
10040965,74	2014569,742	8026395,998	2014570
19777418,56	255118,327	19522300,233	255118
11709808,83	619255,474	11090553,356	619255
1980864,865	539044,39	1441820,475	539044
20577937,99	864468,905	19713469,085	864469
6379888,41	574086,869	5805801,541	574087
6220595,798	331506,317	5889089,481	331506
28327580,85	99521,562	28228059,288	99522
13150235,92	1393922,45	11756313,47	1393922
41296324,48	5660242,65	35636081,83	5660243
14452444,44	550987,226	13901457,214	550987
20332812,55	124680,098	20208132,452	124680
24073921,52	4178120,634	19895800,886	4178121
18470920,02	3627065,826	14843854,194	3627066
18473902,12	545702,51	17928199,61	545703
202322978,3	51210953,748	151112024,552	51210954
2693085,41	600813,182	2092272,228	600813
32973932,4	10679123,648	22294808,752	10679124
20898020,72	94526,245	20803494,475	94526
27664579,07	3238093,743	24426485,327	3238094
7440397,316	197673,038	7242724,278	197673
2117967,711	580750,416	1537217,295	580750
42693990,04	4034991,193	38658998,847	4034991
8820414,32	42964,039	8777450,281	42964
10761768,78	4164483,132	6597285,648	4164483
138325925,4	525307,487	137800617,913	525307
34776089,68	17999453,443	16776636,237	17999453
129468735,8	4571482,591	124897253,209	4571483
110489774,2	9486767,235	101003006,965	9486767
142583794,6	280871,151	142302923,449	280871
21449013,53	1741839,649	19707173,881	1741840
17579136,22	326323,119	17252813,101	326323
19161007,94	42554,534	19118453,406	42555

COMPARACIÓN DE LOS DATOS DE LOS MUNICIPIOS		
MUNICIPIO	Población Censo 2011-11-01	Población Estimación 2021-01-01
Aras de los Olmos	421	374
Ares del Maestrat	212	175
Argelita	101	147
Artana	1956	1970
Aspe	20186	21088
Atzeneta d'Albaida	1224	1139
Atzeneta del Maestrat	1343	1292
Ayódar	210	158
Ayora	5438	5215
Azuébar	362	319
Balones	147	134
Banyeres de Mariola	7225	7113
Barracas	199	185
Barx	1323	1354
Barxeta	1622	1604
Bejís	418	390
Bèlgida	720	654
Bellreguard	4679	4632
Bellús	355	311
Benafer	177	173
Benafigos	161	145
Benagéber	170	184
Benaguasil	11162	11369
Benasau	172	170
Benassal	1223	1055
Benavites	629	653
Beneixama	1771	1707
Beneixida	706	639
Benejúzar	5288	5453
Benetússer	14923	15430
Benferri	1881	1958
Beniarbeig	1881	2227
Beniardá	209	192

SUPERFICIE	SUPERFICIE URBANIZADA	SUPERFICIE SIN URBANIZAR	SU RED
76036937,44	426399,142	75610538,298	426399
118668387	45095,806	118623291,194	45096
15469738,79	58749,258	15410989,532	58749
36328211,41	531812,849	35796398,561	531813
70513652,28	4541832,333	65971819,947	4541832
6055767,969	775100,827	5280667,142	775101
71156363,02	435703,898	70720659,122	435704
24364152,07	83045,284	24281106,786	83045
446573993,4	2672821,931	443901171,469	2672822
23400746,65	545157,213	22855589,437	545157
11245451,92	42822,781	11202629,139	42823
50276662,06	3913593,422	46363068,638	3913593
42150295,45	358827,679	41791467,771	358828
16102312,55	1471884,182	14630428,368	1471884
28517602,27	655418,115	27862184,155	655418
42352454,99	310445,192	42042009,798	310445
17261905,17	730636,728	16531268,442	730637
2840579,181	1381014,996	1459564,185	1381015
9539978,971	477341,095	9062637,876	477341
17032896,24	56755,715	16976140,525	56756
35600053,31	47794,455	35552258,855	47794
69822389,81	77917,094	69744472,716	77917
25394217,43	7173391,835	18220825,595	7173392
9040450,662	115037,923	8925412,739	115038
79576902,84	618697,176	78958205,664	618697
4269773,185	554561,809	3715211,376	554562
34888271,69	728580,102	34159691,588	728580
3196172,001	561259,087	2634912,914	561259
9327526,312	988918,644	8338607,668	988919
778624,061	770636,809	7987,252	770637
12368918,67	802466,301	11566452,369	802466
7402915,986	1007987,243	6394928,743	1007987
15740065,93	32662,022	15707403,908	32662

COMPARACIÓN DE LOS DATOS DE LOS MUNICIPIOS		
MUNICIPIO	Población Censo 2011-11-01	Población Estimación 2021-01-01
Beniarjó	1810	1780
Beniarrés	1249	1083
Beniatjar	234	207
Benicarló	26355	27658
Benicasim/Benicàssim	18178	18991
Benicolet	625	587
Benicull de Xúquer	964	1095
Benidoleig	1187	1166
Benidorm	68045	69118
Benifaió	11965	11967
Benifairó de la Valldigna	1636	1542
Benifairó de les Valls	2235	2268
Benifallim	110	103
Benifato	193	135
Beniflá	462	463
Benigànim	6302	5742
Benigembla	519	483
Benijófar	3355	3323
Benilloba	790	737
Benillup	109	101
Benimantell	483	501
Benimarfull	405	397
Benimassot	124	97
Benimeli	411	415
Benimodo	2279	2253
Benimuslem	676	653
Beniparrell	1993	2024
Benirredrà	1649	1547
Benissa	11613	11462
Benissanó	2306	2334
Benissoda	413	441
Benissuera	189	183

SUPERFICIE	SUPERFICIE URBANIZADA	SUPERFICIE SIN URBANIZAR	SU RED
2751328,573	388122,234	2363206,339	388122
20214474,05	290754,245	19923719,805	290754
11371151,87	76923,914	11294227,956	76924
47832798,27	5677661,95	42155136,32	5677662
36291442,73	10077422,294	26214020,436	10077422
11291338,22	229890,209	11061448,011	229890
3497315,399	277290,72	3220024,679	277291
7484339,998	1199489,504	6284850,494	1199490
38507697,94	13809630,165	24698067,775	13809630
20154676,38	2508934,24	17645742,14	2508934
20198528,32	603422,366	19595105,954	603422
4344981,666	340943,266	4004038,4	340943
13688388,64	23362,653	13665025,987	23363
11880780,31	21682,045	11859098,265	21682
625009,366	128460,694	496548,672	128461
33438977,68	1964098,351	31474879,329	1964098
18454749,6	403866,16	18050883,44	403866
4360259,984	2312591,564	2047668,42	2312592
9538178,47	203974,198	9334204,272	203974
3378929,971	13561,345	3365368,626	13561
37927863,76	512463,476	37415400,284	512463
5563537,416	351421,745	5212115,671	351422
9513138,983	42006,9	9471132,083	42007
3504765,476	555732,728	2949032,748	555733
12521651,68	772551,982	11749099,698	772552
4170130,465	643126,769	3527003,696	643127
3617552,075	1713811,706	1903740,369	1713812
388793,981	177310,461	211483,52	177310
69710716,87	15019195,201	54691521,669	15019195
2251533,39	740278,961	1511254,429	740279
4040118,736	182620,48	3857498,256	182620
2119419,379	87120,56	2032298,819	87121

COMPARACIÓN DE LOS DATOS DE LOS MUNICIPIOS		
MUNICIPIO	Población Censo 2011-11-01	Población Estimación 2021-01-01
Benitachell/el Poble Nou de Benitatxell	4540	4447
Benlloc	1153	1075
Bétera	21815	25423
Betxí	5772	5605
Biar	3719	3628
Bicorp	556	527
Bigastro	6737	6994
Bocairent	4476	4101
Bolbaite	1462	1336
Bolulla	408	426
Bonrepòs i Mirambell	3458	3780
Borriana/Burriana	35044	34903
Borriol	5210	5552
Bufali	187	163
Bugarra	814	728
Buñol	9892	9438
Burjassot	37947	38712
Busot	3123	3207
Cabanes	2951	3027
Càlig	2178	2002
Calles	468	368
Callosa d'en Sarrià	7653	7589
Callosa de Segura	17919	19273
Calp	23241	23530
Campo de Mirra/el Camp de Mirra	432	429
Camporrobles	1402	1204
Canals	13951	13257
Canet d'En Berenguer	5988	6812
Canet lo Roig	828	687
Cañada	1240	1191
Carcaixent	20639	20494
Càrcer	2048	1822

SUPERFICIE	SUPERFICIE URBANIZADA	SUPERFICIE SIN URBANIZAR	SU RED
12699982,09	5567812,539	7132169,551	5567813
43523330,54	376187,033	43147143,507	376187
75093862,98	13751027,296	61342835,684	13751027
21438190,7	2460092,938	18978097,762	2460093
98165454,41	2999124,642	95166329,768	2999125
136503698,8	126590,617	136377108,183	126591
4097985,921	1450714,404	2647271,517	1450714
96980527,95	2148062,527	94832465,423	2148063
40387410,1	222437,656	40164972,444	222438
13571657,47	77431,401	13494226,069	77431
1058126,945	595924,743	462202,202	595925
46940629,26	9831979,722	37108649,538	9831980
61556220,03	5794377,721	55761842,309	5794378
3191836,253	182432,457	3009403,796	182432
40308572,67	350309,872	39958262,798	350310
112404136,6	3922626,922	108481509,678	3922627
3444061,873	2863095,204	580966,669	2863095
33841851,95	3420895,253	30420956,697	3420895
131559481,4	19280069,056	112279412,344	19280069
27466412,63	493112,009	26973300,621	493112
64922285,8	1438373,479	63483912,321	1438373
34662087,27	3696380,632	30965706,638	3696381
24907707,11	2822199,631	22085507,479	2822200
23637705,77	12952195,662	10685510,108	12952196
21815681,72	279208,144	21536473,576	279208
89497183,77	726584,498	88770599,272	726584
21859646,15	2033100,103	19826546,047	2033100
3949498,37	1772203,447	2177294,923	1772203
68675539,75	161165,425	68514374,325	161165
19323895,49	601796,615	18722098,875	601797
59254968,24	5167518,021	54087450,219	5167518
7405273,196	620683,064	6784590,132	620683

COMPARACIÓN DE LOS DATOS DE LOS MUNICIPIOS		
MUNICIPIO	Población Censo 2011-11-01	Población Estimación 2021-01-01
Carlet	15237	15851
Carrícola	99	102
Casas Altas	155	132
Casas Bajas	227	164
Casinos	2833	2881
Castalla	10304	10752
Castell de Cabres	20	22
Castell de Castells	446	425
Castellfort	234	179
Castellnovo	1045	914
Castelló	7404	6996
Castelló de la Plana	176298	172589
Castelló de Rugat	2328	2316
Castellonet de la Conquesta	170	139
Castielfabib	301	299
Castillo de Villamalefa	113	103
Catadau	2758	2846
Catarroja	27631	28509
Catí	829	714
Catral	8574	8880
Caudete de las Fuentes	760	701
Caudiel	736	663
Cerdà	407	345
Cervera del Maestre	686	577
Chella	2753	2437
Chelva	1714	1583
Chera	590	490
Cheste	8589	8871
Chilches/Xilxes	2853	2795
Chiva	15086	15769
Chodos/Xodos	126	109
Chóvar	355	302

SUPERFICIE	SUPERFICIE URBANIZADA	SUPERFICIE SIN URBANIZAR	SU RED
45621072,11	5096692,559	40524379,551	5096693
4599314,415	81142,28	4518172,135	81142
15949077,48	109327,511	15839749,969	109328
22653623,39	84017,01	22569606,38	84017
41484505,88	3693362,392	37791143,488	3693362
114600541,1	3638772,785	110961768,315	3638773
30709493,39	16945,295	30692548,095	16945
45926659,13	86498,069	45840161,061	86498
66735029,47	85320,968	66649708,502	85321
19202259,9	359863,629	18842396,271	359864
20302458,2		20302458,2	0
111325435,4		111325435,4	0
19022697,4	816320,449	18206376,951	816320
5433576,562	50071,415	5383505,147	50071
106257740,1	310429,015	105947311,085	310429
37739024,49	46264,67	37692759,82	46265
35457118,11	2304644,431	33152473,679	2304644
13156863,72	4163722,056	8993141,664	4163722
102346410,8	361163,566	101985247,234	361164
20023157,16	1151680,614	18871476,546	1151681
34598691,22	644032,451	33954658,769	644032
62363331,75	382567,035	61980764,715	382567
1522076,937	129692,685	1392384,252	129693
93235890,53	452860,507	92783030,023	452861
43492612,37	596734,195	42895878,175	596734
190382224,3	713601,235	189668623,065	713601
49699049,17	337758,129	49361291,041	337758
71443734,68	5737701,834	65706032,846	5737702
13518625,18	810360,409	12708264,771	810360
178728530,2	13872869,076	164855661,124	13872869
44263051,73	30412,841	44232638,889	30413
18308602,26	114741,928	18193860,332	114742

COMPARACIÓN DE LOS DATOS DE LOS MUNICIPIOS		
MUNICIPIO	Población Censo 2011-11-01	Población Estimación 2021-01-01
Chulilla	710	700
Cinctorres	473	404
Cirat	258	211
Cocentaina	11424	11451
Cofrentes	1023	1122
Confrides	283	271
Corbera	3308	3088
Cortes de Arenoso	348	291
Cortes de Pallás	1006	758
Costur	594	531
Cotes	387	326
Cox	6975	7427
Crevillent	28269	29717
Culla	609	510
Cullera	22692	22708
Daimús	3104	3277
Daya Nueva	1896	1757
Daya Vieja	596	707
Dénia	42743	42953
Dolores	7303	7620
Domeño	715	670
Dos Aguas	507	312
el Campello	26505	29013
el Castell de Guadalest	227	243
el Fondó de les Neus/Hondón de las Nieves	2731	2634
el Genovés	2833	2785
el Palomar	601	562
el Pinós/Pinoso	7742	8142
el Puig de Santa Maria	8974	8737
el Ràfol d'Almúnia	704	670
el Real de Gandia	2234	2551
El Toro	283	239

SUPERFICIE	SUPERFICIE URBANIZADA	SUPERFICIE SIN URBANIZAR	SU RED
61780522,12	677209,836	61103312,284	677210
35063828,4	211345,457	34852482,943	211345
41099461,95	209994,699	40889467,251	209995
52945571,77	4514547,819	48431023,951	4514548
103183912	341603,582	102842308,418	341604
39984141,11		39984141,11	0
20268567,18	1054216,132	19214351,048	1054216
80586757,96	164013,468	80422744,492	164013
233020539,4	902205,155	232118334,245	902205
21930186,63	159255,46	21770931,17	159255
6325683,314	159445,422	6166237,892	159445
16709694,38	3991471,471	12718222,909	3991471
104550043,7	9268222,589	95281821,111	9268223
115858983,1	58160,044	115800823,056	58160
53798242,9	6444063,237	47354179,663	6444063
3140411,455	1504498,246	1635913,209	1504498
7093407,965	649983,991	6443423,974	649984
3142378,66	454453,621	2687925,039	454454
66492663,11		66492663,11	0
18701759,29	3764180,891	14937578,399	3764181
68697196,86	573448,252	68123748,608	573448
121506944,6	257713,495	121249231,105	257713
55220137,9	10369449,447	44850688,453	10369449
15960230,87	50496,622	15909734,248	50497
68851498,92	1411350,357	67440148,563	1411350
15162320,53	1268882,574	13893437,956	1268883
7759130,823	388751,55	7370379,273	388752
126460153,2	2719070,161	123741083,039	2719070
26804016,36	2247126,018	24556890,342	2247126
4877710,264	1583673,368	3294036,896	1583673
6072088,745	899391,986	5172696,759	899392
110036231,5	391703,279	109644528,221	391703

COMPARACIÓN DE LOS DATOS DE LOS MUNICIPIOS		
MUNICIPIO	Población Censo 2011-11-01	Población Estimación 2021-01-01
el Verger	4856	4841
Elche/Elx	227417	234205
Elda	54357	52551
els Poblets	3029	2721
Emperador	629	698
Enguera	5425	4779
Eslida	917	749
Espadilla	114	84
Estivella	1386	1491
Estubeny	128	114
Fageca	100	105
Famorca	56	45
Fanzara	339	273
Faura	3520	3563
Favara	2432	2563
Figueroles	564	531
Finestrat	6099	7402
Foios	7020	7502
Fontanars dels Alforins	1009	959
Forcall	520	454
Formentera del Segura	3995	4337
Fortaleny	1030	1011
Fuente la Reina	60	49
Fuenterrobles	716	694
Fuentes de Ayódar	151	93
Gaianes	435	505
Gaibiel	195	186
Gandia	77595	75970
Gata de Gorgos	6129	6223
Gátova	436	419
Gavarda	1114	1035
Geldo	690	628

SUPERFICIE	SUPERFICIE URBANIZADA	SUPERFICIE SIN URBANIZAR	SU RED
8159154,574	2262924,17	5896230,404	2262924
326501464,2	8120668,676	318380795,524	8120669
45597520,09	1874393,107	43723126,983	1874393
3613312,095	38288530,585	-34675218,49	38288531
25816,368	30448,292	-4631,924	30448
241749517,6	1084988,152	240664529,448	1084988
18124889,19	446283,319	17678605,871	446283
11963266,28	56850,181	11906416,099	56850
20917707,05	998382,849	19919324,201	998383
6418308,57	73814,433	6344494,137	73814
10174679,51	51784,823	10122894,687	51785
9724120,026	24962,818	9699157,208	24963
34974637,78	351780,058	34622857,722	351780
1636462,373	1035612,104	600850,269	1035612
9452077,705	848163,548	8603914,157	848164
12088055,55	414309,85	11673745,7	414310
42238611,35	7744166,966	34494444,384	7744167
6463884,828	838729,743	5625155,085	838730
74688395,65	407700,97	74280694,68	407701
39206099,03	230554,032	38975544,998	230554
4332263,237	1728771,928	2603491,309	1728772
4568414,419	252475,428	4315938,991	252475
7417762,955	80661,538	7337101,417	80662
49452478,4	300602,593	49151875,807	300603
10983471,95	46109,548	10937362,402	46110
9571208,551	307249,736	9263958,815	307250
18078328,09	177391,572	17900936,518	177392
61142802,27	10187455,465	50955346,805	10187455
20332226,34	3499341,492	16832884,848	3499341
30417291,4	308670,007	30108621,393	308670
7986622,446	395596,108	7591026,338	395596
563454,217	145008,954	418445,263	145009

COMPARACIÓN DE LOS DATOS DE LOS MUNICIPIOS		
MUNICIPIO	Población Censo 2011-11-01	Población Estimación 2021-01-01
Gestalgar	745	541
Gilet	3288	3501
Godella	13162	13027
Godelleta	3342	3714
Gorga	255	261
Granja de Rocamora	2471	2609
Guadasséquies	446	459
Guadassuar	6084	5938
Guardamar de la Safor	499	547
Guardamar del Segura	15520	15983
Herbers	57	53
Higueras	58	49
Higueruelas	512	524
Hondón de los Frailes	1109	1299
Ibi	23569	23652
Jacarilla	2008	2030
Jalance	977	795
Jarafuel	818	772
Jávea/Xàbia	28936	27983
Jérica	1653	1650
Jijona/Xixona	7366	6861
l'Alcora	10740	10428
l'Alcúdia	11397	12193
l'Alcúdia de Crespins	5231	5144
l'Alfàs del Pi	19802	20495
l'Alqueria d'Asnar	517	498
l'Alqueria de la Comtessa	1513	1481
l'Atzúbia	677	609
l'Eliana	17095	18302
l'Énova	998	912
l'Olleria	8400	8404
la Font d'en Carròs	4005	3793

SUPERFICIE	SUPERFICIE URBANIZADA	SUPERFICIE SIN URBANIZAR	SU RED
69734536,12	259564,389	69474971,731	259564
11281465,77	2306598,326	8974867,444	2306598
8403085,417	3451469,512	4951615,905	3451470
37448785,9	3818881,555	33629904,345	3818882
9106559,485	184717,637	8921841,848	184718
7168870,114	1752861,26	5416008,854	1752861
3259785,652	561400,283	2698385,369	561400
35339488,54	4064165,463	31275323,077	4064165
1087963,924	280689,686	807274,238	280690
33937108,67	8519498,662	25417610,008	8519499
27115197,55	31796,363	27083401,187	31796
11844462,02	17628,536	11826833,484	17629
18989472,88	474186,466	18515286,414	474186
12545767,22	214486,122	12331281,098	214486
62525471,58	7638911,384	54886560,196	7638911
12204191,8	3373660,087	8830531,713	3373660
94776183,79	385615,855	94390567,935	385616
103090781,2	371523,049	102719258,151	371523
68875660,49	19697572,865	49178087,625	19697573
78273082,08	784027,051	77489055,029	784027
163761191,9	1641444,644	162119747,256	1641445
95175814,48	8111619,026	87064195,454	8111619
23667820,7	3235443,673	20432377,027	3235444
5167997,671	1428343,494	3739654,177	1428343
19800338,67	7934672,366	11865666,304	7934672
1083853,495	326468,918	757384,577	326469
2153316,235	663007,287	1490308,948	663007
14669597,59	2004976,761	12664620,829	2004977
8772877,953	8290904,138	481973,815	8290904
7673583,744	439735,087	7233848,657	439735
32224628,12	2913450,401	29311177,719	2913450
9898310,785	1598761,33	8299549,455	1598761

COMPARACIÓN DE LOS DATOS DE LOS MUNICIPIOS		
MUNICIPIO	Población Censo 2011-11-01	Población Estimación 2021-01-01
la Font de la Figuera	2170	2025
la Granja de la Costera	412	281
la Jana	766	664
la Llosa	949	983
la Llosa de Ranes	3970	3687
la Mata de Morella	199	169
la Nucia	17096	18108
la Pobla de Benifassà	288	213
la Pobla de Farnals	7685	8205
la Pobla de Vallbona	22036	25275
la Pobla del Duc	2513	2483
la Pobla Llarga	4576	4440
la Pobla Tornesa	1142	1239
la Romana	2463	2542
la Salzadella	846	683
la Serratella	99	92
la Torre d'En Besora	176	167
la Torre d'en Doménec	241	157
la Vall d'Alcalà	180	163
la Vall d'Ebo	278	204
la Vall d'Uixó	32733	31549
la Vall de Gallinera	657	557
la Vall de Laguar	934	843
la Vilavella	3279	3111
La Yesa	254	230
les Alqueries/Alquerías del Niño Perdido	4452	4539
les Coves de Vinromà	1988	1792
Llanera de Ranes	1107	1056
Llaurí	1304	1169
Llíber	927	883
Llíria	23289	23648
Llocnou d'En Fenollet	902	912

SUPERFICIE	SUPERFICIE URBANIZADA	SUPERFICIE SIN URBANIZAR	SU RED
84335045,05	908520,283	83426524,767	908520
831424,206	107749,721	723674,485	107750
19502191,08	153547,154	19348643,926	153547
9991273,019	481406,977	9509866,042	481407
7125679,989	1032232,362	6093447,627	1032232
15159826,07	61134,111	15098691,959	61134
21362203,82	9129089,897	12233113,923	9129090
136139015	80583,036	136058431,964	80583
3620150,704	1701644,057	1918506,647	1701644
33102882,31	15455742,449	17647139,861	15455742
18868688,89	1020720,939	17847967,951	1020721
10093236,52	1408591,38	8684645,14	1408591
25911738,95	1137001,983	24774736,967	1137002
43293441,67	1757743,614	41535698,056	1757744
49919889,81	199397,831	49720491,979	199398
18812274,29	22715,308	18789558,982	22715
12309912,75	62776,749	12247136,001	62777
3185659,807	147844,436	3037815,371	147844
22850344,68	55316,804	22795027,876	55317
32425825,63	89834,857	32335990,773	89835
67078845,51		67078845,51	0
53634019,46	236852,4	53397167,06	236852
23054635,21	7055257,244	15999377,966	7055257
6145910,217	8205173,618	-2059263,401	8205174
84675524,31	972455,237	83703069,073	972455
12609316,38	3880432,501	8728883,879	3880433
136436690,1	106362,104	136330327,996	106362
9260978,229	125360,083	9135618,146	125360
13624629,82	648378,093	12976251,727	648378
21933414,54	866553,938	21066860,602	866554
227924942	3687523,099	224237418,901	3687523
1531790,284	16078597,797	-14546807,513	16078598

COMPARACIÓN DE LOS DATOS DE LOS MUNICIPIOS		
MUNICIPIO	Población Censo 2011-11-01	Población Estimación 2021-01-01
Llocnou de la Corona	152	124
Llocnou de Sant Jeroni	568	557
Llombai	2806	2651
Llucena/Lucena del Cid	1480	1308
Llutxent	2508	2315
Lorcha/l'Orxa	717	584
Loriguilla	1827	2027
Los Montesinos	4852	5123
Losa del Obispo	567	531
Ludiente	191	155
Macastre	1306	1338
Manises	30883	31287
Manuel	2566	2452
Marines	1866	1894
Massalavés	1646	1632
Massalfassar	2351	2574
Massamagrell	15487	16132
Massanassa	8905	9845
Matet	106	73
Meliana	10686	10926
Millares	452	341
Millena	208	242
Miramar	2518	2740
Mislata	43515	44320
Mogente/Moixent	4668	4326
Moncada	21973	21875
Moncofa	6390	6958
Monforte del Cid	7749	8500
Monóvar/Monòver	12683	12188
Montán	415	365
Montanejos	614	544
Montaverner	1815	1630

SUPERFICIE	SUPERFICIE URBANIZADA	SUPERFICIE SIN URBANIZAR	SU RED
41868,34	171677,154	-129808,814	171677
6472939,443	12441,587	6460497,856	12442
55574010,18	479364,004	55094646,176	479364
137032739,3	510580,75	136522158,55	510581
40118542,47	2479516,86	37639025,61	2479517
31765379,16	252722,191	31512656,969	252722
72420738,77	618268,451	71802470,319	618268
14990268,05	2311268,776	12678999,274	2311269
12166775,31	1821777,427	10344997,883	1821777
31350796,9	847842,949	30502953,951	847843
37654296,66	126486,746	37527809,914	126487
19652720,18	811712,77	18841007,41	811713
6048382,295	4627851,332	1420530,963	4627851
35716080,16	575133,52	35140946,64	575134
7482877,104	876541,735	6606335,369	876542
2525058,735	1130611,561	1394447,174	1130612
6218155,691	1077395,512	5140760,179	1077396
5591719,059	2177304,475	3414414,584	2177304
14887626,5	1771292,691	13116333,809	1771293
4711321,301	132477,537	4578843,764	132478
105507197,3	1016401,491	104490795,809	1016401
9772489,821	407042,333	9365447,488	407042
2545199,659	32075,104	2513124,555	32075
2032244,259	1100164,796	932079,463	1100165
150227561,4	1707047,728	148520513,672	1707048
15828733,95	5061013,391	10767720,559	5061013
14362505,32	4878500,158	9484005,162	4878500
79522194,73	4743940,675	74778254,055	4743941
152354942,5	13681267,112	138673675,388	13681267
34098102,51	2314971,234	31783131,276	2314971
37799138,57	158041,947	37641096,623	158042
7398172,27	162527,171	7235645,099	162527

COMPARACIÓN DE LOS DATOS DE LOS MUNICIPIOS		
MUNICIPIO	Población Censo 2011-11-01	Población Estimación 2021-01-01
Montesa	1316	1149
Montitxelvo/Montichelvo	667	588
Montroi/Montroy	2850	3069
Montserrat	7066	8655
Morella	2668	2406
Murla	554	549
Muro de Alcoy	8993	9326
Museros	6168	6618
Mutxamel	23213	25679
Nàquera/Náquera	5872	7301
Navajas	828	750
Navarrés	3192	3004
Novelda	26573	25611
Novelé/Novetlè	873	853
Nules	13549	13256
Oliva	27170	25119
Olocau	1616	2028
Olocau del Rey	131	117
Onda	25089	24939
Ondara	6568	7080
Onil	7676	7569
Ontinyent	37174	35946
Orba	2272	2233
Orihuela	79889	78940
Oropesa del Mar/Orpesa	9733	9755
Orxeta	875	787
Otos	475	428
Paiporta	24411	26401
Palanques	31	36
Palma de Gandía	1791	1660
Palmera	1017	1024
Parcent	1034	983

SUPERFICIE	SUPERFICIE URBANIZADA	SUPERFICIE SIN URBANIZAR	SU RED
48113128,37	1042939,843	47070188,527	1042940
8165321,141	518496,109	7646825,032	518496
31390548,75	228172,079	31162376,671	228172
45573583,61	2063664,44	43509919,17	2063664
413532981,1	7207560,837	406325420,263	7207561
5813425,734	125479,832	5687945,902	125480
30244154,01	1472757,415	28771396,595	1472757
12453512,8	824212,721	11629300,079	824213
47716244,29	7089573,182	40626671,108	7089573
38708035,27	6552785,409	32155249,861	6552785
7886018,959	467933,35	7418085,609	467933
47038343,37	1087329,981	45951013,389	1087330
75724165,07	3245776,167	72478388,903	3245776
1471625,701	169659,683	1301966,018	169660
50316550,73	3463288,047	46853262,683	3463288
60162008,97	3893148,383	56268860,587	3893148
37395912,82	1845097,592	35550815,228	1845098
43979712,02	38560,135	43941151,885	38560
108201190	8105814,691	100095375,309	8105815
10413622,22	793392,276	9620229,944	793392
48409701,29	1137297,564	47272403,726	1137298
125430329,6	3838335,233	121591994,367	3838335
17729585,62	1099888,514	16629697,106	1099889
365362604	12389062,904	352973541,096	12389063
26554788,27	2613997,078	23940791,192	2613997
24062758,54	82300,491	23980458,049	82300
11067833,01	298210,129	10769622,881	298210
3956959,013	1656525,414	2300433,599	1656525
14321147,71	19896,268	14301251,442	19896
13921531,91	646519,167	13275012,743	646519
977831,612	210700,817	767130,795	210701
11770202,89	241605,786	11528597,104	241606

COMPARACIÓN DE LOS DATOS DE LOS MUNICIPIOS		
MUNICIPIO	Población Censo 2011-11-01	Población Estimación 2021-01-01
Paterna	66853	71361
Pavías	61	72
Pedralba	2890	2852
Pedreguer	7434	8006
Pego	10418	10240
Penàguila	327	275
Peníscola/Peñíscola	7822	7882
Petrer	34690	34009
Petrés	989	1012
Picanya	11223	11692
Picassent	20186	21487
Pilar de la Horadada	20836	22597
Piles	2801	2742
Pina de Montalgrao	140	114
Pinet	176	161
Planes	814	693
Polinyà de Xúquer	2534	2495
Polop	4159	5069
Portell de Morella	228	181
Potries	988	1065
Puçol	19289	19975
Puebla de Arenoso	167	158
Puebla de San Miguel	80	60
Quart de les Valls	1083	1050
Quart de Poblet	25253	25035
Quartell	1523	1640
Quatretonda	2453	2146
Quatretondeta	110	117
Quesa	726	669
Rafal	4203	4597
Rafelbunyol	8636	9351
Rafelcofer	1460	1365

SUPERFICIE	SUPERFICIE URBANIZADA	SUPERFICIE SIN URBANIZAR	SU RED
35850698,65	12670373,099	23180325,551	12670373
14411377,61	53039,383	14358338,227	53039
58847452,01	302222,533	58545229,477	302223
29583959,39	1052996,01	28530963,38	1052996
52848713,43	2579079,424	50269634,006	2579079
49915068,96	78957,358	49836111,602	78957
78874373,37	9270177,152	69604196,218	9270177
104281161,8	3170258,416	101110903,384	3170258
1874612,763	242130,717	1632482,046	242131
7199129,789	1282596,078	5916533,711	1282596
85786146,93	5500520,605	80285626,325	5500521
77812894,34	4973975,441	72838918,899	4973975
3904329,751	553089,609	3351240,142	553090
31764335,14	57762,267	31706572,873	57762
11889219,73	44274,935	11844944,795	44275
38867499,87	311020,02	38556479,85	311020
9172731,602	443535,317	8729196,285	443535
22559318,65	695956,046	21863362,604	695956
49680684,7	62746,005	49617938,695	62746
3072860,054	278806,255	2794053,799	278806
18101193,32	3335670,212	14765523,108	3335670
42531853,79	135553,745	42396300,045	135554
63611318,07	24888,12	63586429,95	24888
8427149,369	150126,872	8277022,497	150127
19722447,95	4908545,203	14813902,747	4908545
3178083,374	237326,789	2940756,585	237327
43549053,62	568978,241	42980075,379	568978
16705295,48	50587,227	16654708,253	50587
73158274,71	208015,072	72950259,638	208015
1570194,589	433313,093	1136881,496	433313
4198525,039	1265125,906	2933399,133	1265126
2033403,354	739057,434	1294345,92	739057

COMPARACIÓN DE LOS DATOS DE LOS MUNICIPIOS		
MUNICIPIO	Población Censo 2011-11-01	Población Estimación 2021-01-01
Rafelguaraf	2514	2358
Ráfol de Salem	423	449
Real	2309	2250
Redován	7562	8058
Relleu	1208	1173
Requena	21272	20235
Riba-roja de Túria	21163	22799
Ribesalbes	1320	1156
Riola	1876	1780
Rocafort	6795	7445
Rojales	17986	15978
Rossell	1133	904
Rotglà i Corberà	1165	1146
Ròtova	1291	1271
Rugat	187	180
Sacañet	77	57
Sagra	439	427
Sagunto/Sagunt	65813	67043
Salem	452	414
Salinas	1577	1642
San Antonio de Benagéber	7056	9501
San Fulgencio	9572	8447
San Isidro	1925	2146
San Miguel de Salinas	6391	6553
San Rafael del Río	526	468
San Vicente del Raspeig/Sant Vicent del Raspeig	54781	58912
Sanet y Negrals	660	702
Sant Joan d'Alacant	22438	24363
Sant Joan de Moró	2977	3307
Sant Joanet	479	519
Sant Jordi/San Jorge	1007	1063

SUPERFICIE	SUPERFICIE URBANIZADA	SUPERFICIE SIN URBANIZAR	SU RED
16261865,33	418489,643	15843375,687	418490
4325289,034	102516,284	4222772,75	102516
18314561,69	353995,727	17960565,963	353996
9447126,434	941373,009	8505753,425	941373
76773009,11	387967,395	76385041,715	387967
814464123,1	7214269,248	807249853,852	7214269
57486319,88	6768430,636	50717889,244	6768431
8539930,234	310989,016	8228941,218	310989
5589314,004	232215,178	5357098,826	232215
2340777,785	1477236,055	863541,73	1477236
27728576,52	4465339,847	23263236,673	4465340
74882664,37	329779,821	74552884,549	329780
6269750,993	323171,069	5946579,924	323171
7655375,72	201530,209	7453845,511	201530
3204013,146	48982,509	3155030,637	48983
30493441,62	50696,375	30442745,245	50696
5619281,752	172822,42	5446459,332	172822
133922166,4	15782324,685	118139841,715	15782325
8605262,882	116440,65	8488822,232	116441
61711721,31	387051,39	61324669,92	387051
8741589,235	2166684,569	6574904,666	2166685
20701292,53	572660,56	20128631,97	572661
11698833,06	554443,564	11144389,496	554444
54846421,35	793857,375	54052563,975	793857
21149880,43	234909,845	20914970,585	234910
40550368,46	10561364,245	29989004,215	10561364
3941816,633	157759,759	3784056,874	157760
9575842,822	5314544,867	4261297,955	5314545
28664295,21	2239730,584	26424564,626	2239731
1857479,782	57752,534	1799727,248	57753
36493832,25	222103,859	36271728,391	222104

COMPARACIÓN DE LOS DATOS DE LOS MUNICIPIOS		
MUNICIPIO	Población Censo 2011-11-01	Población Estimación 2021-01-01
Sant Mateu	2062	1968
Santa Magdalena de Pulpis	844	755
Santa Pola	32454	34148
Sax	9883	9935
Sedaví	10140	10344
Segart	191	177
Segorbe	9198	9139
Sella	607	578
Sellent	427	377
Sempere	43	26
Senija	601	605
Senyera	1194	1132
Serra	3351	3326
Sierra Engarcerán	1050	992
Siete Aguas	1437	1183
Silla	18873	19211
Simat de la Valldigna	3576	3286
Sinarcas	1175	1109
Sollana	4991	4911
Soneja	1515	1479
Sot de Chera	415	387
Sot de Ferrer	442	428
Sueca	28708	27617
Sueras/Suera	634	554
Sumacàrcer	1240	1072
Tales	897	843
Tàrbena	721	642
Tavernes Blanques	9325	9205
Tavernes de la Valldigna	18014	17162
Teresa	277	245
Teresa de Cofrentes	660	618
Terrateig	308	276

SUPERFICIE	SUPERFICIE URBANIZADA	SUPERFICIE SIN URBANIZAR	SU RED
64624268	676230,63	63948037,37	676231
66488865,26	219168,107	66269697,153	219168
58226447,63	9327529,37	48898918,26	9327529
63486024,66	1559194,721	61926829,939	1559195
1832521,539	898738,558	933782,981	898739
6643977,742	601705,546	6042272,196	601706
106200423,6	2127394,403	104073029,197	2127394
38830467,61	131621,317	38698846,293	131621
14005408,18	126800,947	13878607,233	126801
3825566,336	27942,648	3797623,688	27943
4786504,604	233078,169	4553426,435	233078
2030789,666	159567,223	1871222,443	159567
57294254,64	1998514,371	55295740,269	1998514
81981397,3	346111,942	81635285,358	346112
110595472,7	849512,497	109745960,203	849512
25019308,83	3299655,965	21719652,865	3299656
38488315,65	431611,619	38056704,031	431612
102460927,2	787675,582	101673251,618	787676
39219804,44	977108,53	38242695,91	977109
29103283,22	382970,161	28720313,059	382970
38749220,91	98574,944	38650645,966	98575
8639886,502	151392,27	8488494,232	151392
92480960,02	3122601,632	89358358,388	3122602
22218918,92	162897,671	22056021,249	162898
20089689,47	267511,607	19822177,863	267512
14525148,83	129229,526	14395919,304	129230
31670639,67	147684,487	31522955,183	147684
777517,422	645111,653	132405,769	645112
49281890,84	2051681,138	47230209,702	2051681
19885598,2	138079,644	19747518,556	138080
110804303,3	276294,72	110528008,58	276295
6315511,385	55430,854	6260080,531	55431

COMPARACIÓN DE LOS DATOS DE LOS MUNICIPIOS		
MUNICIPIO	Población Censo 2011-11-01	Población Estimación 2021-01-01
Teulada	12094	11466
Tibi	1704	1691
Tírig	519	419
Titaguas	512	470
Todolella	140	145
Toga	142	101
Tollos	44	37
Torás	259	247
Tormos	356	327
Torralba del Pinar	59	63
Torrebaja	447	403
Torreblanca	5726	5606
Torrechiva	96	93
Torrella	159	135
Torremanzanas/la Torre de les Maçanes	742	681
Torrent	80829	84025
Torres Torres	596	672
Torrevieja	90097	82842
Tous	1265	1284
Traiguera	1586	1358
Tuéjar	1221	1164
Turís	6611	6910
Useras/les Useres	989	968
Utiel	12335	11478
València	792054	789744
Vall d'Alba	2939	2943
Vall de Almonacid	267	286
Vallada	3303	3092
Vallanca	161	136
Vallat	71	57
Vallés	152	152
Vallibona	99	67

SUPERFICIE	SUPERFICIE URBANIZADA	SUPERFICIE SIN URBANIZAR	SU RED
32317092,61	9186499,78	23130592,83	9186500
70382966,39	770615,979	69612350,411	770616
42337012,71	143828,88	42193183,83	143829
63211826,03	189463,716	63022362,314	189464
34024888,24	36081,347	33988806,893	36081
13524193,06	66488,221	13457704,839	66488
15974206,81	14452,992	15959753,818	14453
16782275,77	249798,97	16532476,8	249799
5353969,691	125833,246	5228136,445	125833
21192812,59	32996,557	21159816,033	32997
4715969,188	313511,967	4402457,221	313512
29813990,34	1024391,862	28789598,478	1024392
11847337,49	54179,741	11793157,749	54180
1144459,346	47623,219	1096836,127	47623
36479725,01	260432,37	36219292,64	260432
69234816,67	12912816,482	56322000,188	12912816
11772838,84	723306,383	11049532,457	723306
71760659,64	13690674,047	58069985,593	13690674
127522518,2	461709,776	127060808,424	461710
59758461,5	223149,511	59535311,989	223150
121922155,3	324511,225	121597644,075	324511
80504889,53	3851199,63	76653689,9	3851200
80684952,02	1579083,43	79105868,59	1579083
236916663,8	3814273,152	233102390,648	3814273
139268677,3	42024577,170	97244100,130	42024577
52915005,69	685970,041	52229035,649	685970
21120113,22	106630,477	21013482,743	106630
61497585,65	548143,806	60949441,844	548144
56609147,08	189502,56	56419644,52	189503
5005129,838	26721,53	4978408,308	26722
1235659,806	44641,218	1191018,588	44641
91369650,51	35861,077	91333789,433	35861

COMPARACIÓN DE LOS DATOS DE LOS MUNICIPIOS		
MUNICIPIO	Población Censo 2011-11-01	Población Estimación 2021-01-01
Venta del Moro	1418	1194
Vila-real	50747	51130
Vilafamés	1937	1840
Vilafranca/Villafranca del Cid	2479	2201
Vilallonga/Villalonga	4364	4453
Vilamarxant	9325	10097
Vilanova d'Alcolea	668	578
Vilar de Canes	187	174
Villahermosa del Río	498	476
Villajoyosa/la Vila Joiosa	32649	34684
Villamalur	93	92
Villanueva de Viver	77	82
Villar del Arzobispo	3746	3578
Villargordo del Cabriel	659	585
Villena	34747	34025
Villores	49	46
Vinalesa	3218	3451
Vinaròs	28267	28862
Vistabella del Maestrat	406	337
Viver	1627	1661
Xaló	2875	2892
Xàtiva	29125	29459
Xeraco	6065	5771
Xeresa	2291	2256
Xert	846	686
Xirivella	29952	30208
Yátova	2103	2112
Zarra	489	364
Zorita del Maestrazgo	145	116
Zucaina	184	175

SUPERFICIE	SUPERFICIE URBANIZADA	SUPERFICIE SIN URBANIZAR	SU RED
272218527,4	775053,555	271443473,845	775054
55123406,58	9191514,943	45931891,637	9191515
70545284,73	1716202,905	68829081,825	1716203
93560933,66	706515,864	92854417,796	706516
43300180,05	929891,624	42370288,426	929892
71081210,19	2310252,86	68770957,33	2310253
68409872,71	149358,234	68260514,476	149358
15910368,84	33001,576	15877367,264	33002
108846498,3	91979,843	108754518,457	91980
58870399,12	188457,764	58681941,356	188458
19474768,7	36144,554	19438624,146	36145
5867563,861	52205,163	5815358,698	52205
40702795,59	1043980,073	39658815,517	1043980
71609711,14	374327,992	71235383,148	374328
345382108,5	3736480,327	341645628,173	3736480
5305171,428	35696,499	5269474,929	35696
1528570,828	407892,33	1120678,498	407892
95409095,56	6954588,928	88454506,632	6954589
150605157	99890,396	150505266,604	99890
49925731,52	689977,954	49235753,566	689978
34585887,16	1659893,904	32925993,256	1659894
76564393,12	7044649,196	69519743,924	7044649
20286268,3	976630,363	19309637,937	976630
16846329,24	372559,683	16473769,557	372560
82508797,1		82508797,1	0
5129967,51	1631443,557	3498523,953	1631444
120244031,4	567652,633	119676378,767	567653
49719933,02	122788,76	49597144,26	122789
68832237,6	42038,007	68790199,593	42038
51569259,52	53738,068	51515521,452	53738

ANÁLISIS DE EXPOSICIÓN			
RIESGO SEGÚN SUPERFICIE			
Bajo	**Medio**	**Alto**	**Muy Alto**
l'Atzúbia	Agost	Alcoy/Alcoi	Requena
Agres	Albatera	Alicante/Alacant	
Aigües	Aspe	Castalla	
Alcalalí	Banyeres de Mariola	Crevillent	
Alcocer de Planes	Benissa	Elche/Elx	
Alcoleja	Biar	Jijona/Xixona	
Alfafara	el Campello	Monóvar/ Monòver	
l'Alfàs del Pi	Cocentaina	Orihuela	
Algorfa	Dénia	Petrer	
Algueña	el Fondó de les Neus/Hondón de las Nieves	el Pinós/Pinoso	
Almoradí	Ibi	Villena	
Almudaina	Jávea/Xàbia	Alcalà de Xivert	
l'Alqueria d'Asnar	Monforte del Cid	Altura	
Altea	Novelda	Ares del Maestrat	
Balones	Pego	Cabanes	
Benasau	Relleu	Castelló de la Plana	
Beneixama	Salinas	Catí	
Benejúzar	San Miguel de Salinas	les Coves de Vinromà	
Benferri	Santa Pola	Culla	
Beniarbeig	Sax	Llucena/Lucena del Cid	
Beniardá	Tibi	Morella	
Beniarrés	Torrevieja	Onda	

RIESGO SUGÚN SUPERFICIE URBANIZADA			
Bajo	**Medio**	**Alto**	**Muy Alto**
l'Atzúbia	Alcoy/Alcoi		Alicante/ Alacant
Agost	Altea		València
Agres	Benidorm		
Aigües	Benissa		
Albatera	Calp		
Alcalalí	el Campello		
Alcocer de Planes	Jávea/Xàbia		
Alcoleja	Monóvar/ Monòver		
Alfafara	Orihuela		
l'Alfàs del Pi	San Vicente del Raspeig/ Sant Vicent del Raspeig		
Algorfa	Torrevieja		
Algueña	Almassora		
Almoradí	Benicasim/ Benicàssim		
Almudaina	Cabanes		
l'Alqueria d'Asnar	Bétera		
Aspe	Chiva		
Balones	Gandia		
Banyeres de Mariola	Llocnou d'En Fenollet		
Benasau	Paterna		
Beneixama	la Pobla de Vallbona		
Benejúzar	Sagunto/Sagunt		
Benferri	Torrent		

ANÁLISIS DE EXPOSICIÓN			
RIESGO SEGÚN SUPERFICIE			
Bajo	**Medio**	**Alto**	**Muy Alto**
Benigembla	la Vall de Gallinera	la Pobla de Benifassà	
Benidoleig	Villajoyosa/la Vila Joiosa	Segorbe	
Benidorm	Pilar de la Horadada	El Toro	
Benifallim	Atzeneta del Maestrat	Villahermosa del Río	
Benifato	Albocàsser	Vistabella del Maestrat	
Benijófar	l'Alcora	Alzira	
Benilloba	Benassal	Alpuente	
Benillup	Borriol	Andilla	
Benimantell	Canet lo Roig	Ayora	
Benimarfull	Castellfort	Bicorp	
Benimassot	Caudiel	Buñol	
Benimeli	Cervera del Maestre	Cofrentes	
Benitachell/el Poble Nou de Benitatxell	Cortes de Arenoso	Cortes de Pallás	
Bigastro	Xert	Chelva	
Bolulla	Jérica	Chiva	
Busot	Nules	Dos Aguas	
Calp	Peníscola/ Peñíscola	Enguera	
Callosa d'en Sarrià	Rossell	Jarafuel	
Callosa de Segura	Sant Mateu	Llíria	
Campo de Mirra/el Camp de Mirra	Santa Magdalena de Pulpis	Millares	
Cañada	Sierra Engarcerán	Mogente/Moixent	
Castell de Castells	Traiguera	Ontinyent	
Catral	Useras/les Useres	Sagunto/Sagunt	

RIESGO SUGÚN SUPERFICIE URBANIZADA			
Bajo	**Medio**	**Alto**	**Muy Alto**
Beniarbeig	els Poblets		
Beniardá			
Beniarrés			
Benigembla			
Benidoleig			
Benifallim			
Benifato			
Benijófar			
Benilloba			
Benillup			
Benimantell			
Benimarfull			
Benimassot			
Benimeli			
Benitachell/el Poble Nou de Benitatxell			
Biar			
Bigastro			
Bolulla			
Busot			
Callosa d'en Sarrià			
Callosa de Segura			
Campo de Mirra/el Camp de Mirra			
Cañada			

ANÁLISIS DE EXPOSICIÓN			
RIESGO SEGÚN SUPERFICIE			
Bajo	**Medio**	**Alto**	**Muy Alto**
Confrides	Vall d'Alba	Siete Aguas	
Cox	la Vall d'Uixó	Sinarcas	
Quatretondeta	Vallibona	Teresa de Cofrentes	
Daya Nueva	Vilafamés	Tous	
Daya Vieja	Vilafranca/Villafranca del Cid	Tuéjar	
Dolores	Vilanova d'Alcolea	Utiel	
Elda	Vila-real	València	
Fageca	Vinaròs	Venta del Moro	
Famorca	Zorita del Maestrazgo	Yátova	
Finestrat	Zucaina		
Formentera del Segura	Aras de los Olmos		
Gata de Gorgos	Benagéber		
Gaianes	Bétera		
Gorga	Bocairent		
Granja de Rocamora	Calles		
el Castell de Guadalest	Camporrobles		
Guardamar del Segura	Carcaixent		
Hondón de los Frailes	Cullera		
Jacarilla	Cheste		
Xaló	Chulilla		
Lorcha/l'Orxa	Domeño		
Llíber	Fontanars dels Alforins		
Millena	la Font de la Figuera		
Mutxamel	Gandia		
Murla	Gestalgar		
Muro de Alcoy	Jalance		

RIESGO SUGÚN SUPERFICIE URBANIZADA			
Bajo	Medio	Alto	Muy Alto
Castalla			
Castell de Castells			
Catral			
Cocentaina			
Confrides			
Cox			
Crevillent			
Quatretondeta			
Daya Nueva			
Daya Vieja			
Dénia			
Dolores			
Elche/Elx			
Elda			
Fageca			
Famorca			
Finestrat			
Formentera del Segura			
Gata de Gorgos			
Gaianes			
Gorga			
Granja de Rocamora			
el Castell de Guadalest			
Guardamar del Segura			
el Fondó de les Neus/ Hondón de las Nieves			
Hondón de los Frailes			

ANÁLISIS DE EXPOSICIÓN			
RIESGO SEGÚN SUPERFICIE			
Bajo	**Medio**	**Alto**	**Muy Alto**
la Nucia	Xàtiva		
Ondara	Loriguilla		
Onil	Llombai		
Orba	Oliva		
Orxeta	Pedralba		
Parcent	Picassent		
Pedreguer	Quesa		
Penàguila	Riba-roja de Túria		
Planes	Serra		
Polop	Sueca		
Rafal	Titaguas		
el Ràfol d'Almúnia	Torrent		
Redován	Turís		
Rojales	Vallada		
la Romana	Vilamarxant		
Sagra	Villargordo del Cabriel		
Sanet y Negrals	La Yesa		
San Fulgencio			
Sant Joan d'Alacant			
San Vicente del Raspeig/ Sant Vicent del Raspeig			
Sella			
Senija			
Tàrbena			
Teulada			
Tollos			
Tormos			
Torremanzanas/la Torre de les Maçanes			
la Vall d'Alcalà			
la Vall d'Ebo			

RIESGO SUGÚN SUPERFICIE URBANIZADA			
Bajo	**Medio**	**Alto**	**Muy Alto**
Ibi			
Jacarilla			
Xaló			
Jijona/Xixona			
Lorcha/l'Orxa			
Llíber			
Millena			
Monforte del Cid			
Mutxamel			
Murla			
Muro de Alcoy			
Novelda			
la Nucia			
Ondara			
Onil			
Orba			
Orxeta			
Parcent			
Pedreguer			
Pego			
Penàguila			
Petrer			
el Pinós/Pinoso			
Planes			
Polop			
Rafal			
el Ràfol d'Almúnia			
Redován			
Relleu			

ANÁLISIS DE EXPOSICIÓN			
RIESGO SEGÚN SUPERFICIE			
Bajo	**Medio**	**Alto**	**Muy Alto**
la Vall de Laguar			
el Verger			
els Poblets			
Los Montesinos			
San Isidro			
Aín			
Alcudia de Veo			
Alfondeguilla			
Algimia de Almonacid			
Almassora			
Almedíjar			
Almenara			
Arañuel			
Argelita			
Artana			
Ayódar			
Azuébar			
Barracas			
Betxí			
Bejís			
Benafer			
Benafigos			
Benicarló			
Benicasim/Benicàssim			
Benlloc			
Borriana/Burriana			
Càlig			
Castell de Cabres			
Castellnovo			
Castillo de Villamalefa			
Cinctorres			
Cirat			

RIESGO SUGÚN SUPERFICIE URBANIZADA			
Bajo	Medio	Alto	Muy Alto
Rojales			
la Romana			
Sagra			
Salinas			
Sanet y Negrals			
San Fulgencio			
Sant Joan d'Alacant			
San Miguel de Salinas			
Santa Pola			
Sax			
Sella			
Senija			
Tàrbena			
Teulada			
Tibi			
Tollos			
Tormos			
Torremanzanas/la Torre de les Maçanes			
la Vall d'Alcalà			
la Vall d'Ebo			
la Vall de Gallinera			
la Vall de Laguar			
el Verger			
Villajoyosa/la Vila Joiosa			
Villena			
Pilar de la Horadada			
Los Montesinos			
San Isidro			
Atzeneta del Maestrat			
Aín			
Albocàsser			
Alcalà de Xivert			

ANÁLISIS DE EXPOSICIÓN			
RIESGO SEGÚN SUPERFICIE			
Bajo	**Medio**	**Alto**	**Muy Alto**
Costur			
Chilches/Xilxes			
Chodos/Xodos			
Chóvar			
Eslida			
Espadilla			
Fanzara			
Figueroles			
Forcall			
Fuente la Reina			
Fuentes de Ayódar			
Gaibiel			
Geldo			
Herbers			
Higueras			
la Jana			
Ludiente			
la Llosa			
la Mata de Morella			
Matet			
Moncofa			
Montán			
Montanejos			
Navajas			
Olocau del Rey			
Oropesa del Mar/Orpesa			
Palanques			
Pavías			
Pina de Montalgrao			
Portell de Morella			
Puebla de Arenoso			
la Pobla Tornesa			
Ribesalbes			

RIESGO SUGÚN SUPERFICIE URBANIZADA			
Bajo	**Medio**	**Alto**	**Muy Alto**
l'Alcora			
Alcudia de Veo			
Alfondeguilla			
Algimia de Almonacid			
Almedíjar			
Almenara			
Altura			
Arañuel			
Ares del Maestrat			
Argelita			
Artana			
Ayódar			
Azuébar			
Barracas			
Betxí			
Bejís			
Benafer			
Benafigos			
Benassal			
Benicarló			
Benlloc			
Borriol			
Borriana/Burriana			
Càlig			
Canet lo Roig			
Castell de Cabres			
Castellfort			
Castellnovo			
Castelló de la Plana			
Castillo de Villamalefa			
Catí			
Caudiel			
Cervera del Maestre			

ANÁLISIS DE EXPOSICIÓN			
RIESGO SEGÚN SUPERFICIE			
Bajo	**Medio**	**Alto**	**Muy Alto**
Sacañet			
la Salzadella			
Sant Jordi/San Jorge			
San Rafael del Río			
la Serratella			
Soneja			
Sot de Ferrer			
Sueras/Suera			
Tales			
Teresa			
Tírig			
Todolella			
Toga			
Torás			
Torralba del Pinar			
Torreblanca			
Torrechiva			
la Torre d'En Besora			
la Torre d'en Doménec			
Vallat			
Vall de Almonacid			
Villamalur			
Villanueva de Viver			
Vilar de Canes			
la Vilavella			
Villores			
Viver			
les Alqueries/Alquerías del Niño Perdido			
Sant Joan de Moró			
Ador			
Atzeneta d'Albaida			
Agullent			

RIESGO SUGÚN SUPERFICIE URBANIZADA			
Bajo	**Medio**	**Alto**	**Muy Alto**
Cinctorres			
Cirat			
Cortes de Arenoso			
Costur			
les Coves de Vinromà			
Culla			
Xert			
Chilches/Xilxes			
Chodos/Xodos			
Chóvar			
Eslida			
Espadilla			
Fanzara			
Figueroles			
Forcall			
Fuente la Reina			
Fuentes de Ayódar			
Gaibiel			
Geldo			
Herbers			
Higueras			
la Jana			
Jérica			
Llucena/Lucena del Cid			
Ludiente			
la Llosa			
la Mata de Morella			
Matet			
Moncofa			
Montán			
Montanejos			
Morella			

ANÁLISIS DE EXPOSICIÓN			
RIESGO SEGÚN SUPERFICIE			
Bajo	**Medio**	**Alto**	**Muy Alto**
Alaquàs			
Albaida			
Albal			
Albalat de la Ribera			
Albalat dels Sorells			
Albalat dels Tarongers			
Alberic			
Alborache			
Alboraia/Alboraya			
Albuixech			
Alcàsser			
Alcàntera de Xúquer			
Alcublas			
l'Alcúdia			
l'Alcúdia de Crespins			
Aldaia			
Alfafar			
Alfauir			
Alfara de la Baronia			
Alfara del Patriarca			
Alfarp			
Alfarrasí			
Algar de Palancia			
Algemesí			
Algímia d'Alfara			
Alginet			
Almàssera			
Almiserà			
Almoines			
Almussafes			
l'Alqueria de la Comtessa			
Anna			
Antella			

RIESGO SUGÚN SUPERFICIE URBANIZADA			
Bajo	**Medio**	**Alto**	**Muy Alto**
Navajas			
Nules			
Olocau del Rey			
Onda			
Oropesa del Mar/Orpesa			
Palanques			
Pavías			
Peníscola/Peñíscola			
Pina de Montalgrao			
Portell de Morella			
Puebla de Arenoso			
la Pobla de Benifassà			
la Pobla Tornesa			
Ribesalbes			
Rossell			
Sacañet			
la Salzadella			
Sant Jordi/San Jorge			
Sant Mateu			
San Rafael del Río			
Santa Magdalena de Pulpis			
la Serratella			
Segorbe			
Sierra Engarcerán			
Soneja			
Sot de Ferrer			
Sueras/Suera			
Tales			
Teresa			
Tírig			
Todolella			
Toga			
Torás			

ANÁLISIS DE EXPOSICIÓN			
RIESGO SEGÚN SUPERFICIE			
Bajo	**Medio**	**Alto**	**Muy Alto**
Aielo de Malferit			
Aielo de Rugat			
Barxeta			
Barx			
Bèlgida			
Bellreguard			
Bellús			
Benaguasil			
Benavites			
Beneixida			
Benetússer			
Beniarjó			
Beniatjar			
Benicolet			
Benifairó de les Valls			
Benifairó de la Valldigna			
Benifaió			
Beniflá			
Benigànim			
Benimodo			
Benimuslem			
Beniparrell			
Benirredrà			
Benissanó			
Benissoda			
Benissuera			
Bolbaite			
Bonrepòs i Mirambell			
Bufali			
Bugarra			
Burjassot			

RIESGO SUGÚN SUPERFICIE URBANIZADA			
Bajo	Medio	Alto	Muy Alto
El Toro			
Torralba del Pinar			
Torreblanca			
Torrechiva			
la Torre d'En Besora			
la Torre d'en Doménec			
Traiguera			
Useras/les Useres			
Vallat			
Vall d'Alba			
Vall de Almonacid			
la Vall d'Uixó			
Vallibona			
Vilafamés			
Vilafranca/Villafranca del Cid			
Villahermosa del Río			
Villamalur			
Vilanova d'Alcolea			
Villanueva de Viver			
Vilar de Canes			
Vila-real			
la Vilavella			
Villores			
Vinaròs			
Vistabella del Maestrat			
Viver			
Zorita del Maestrazgo			
Zucaina			
les Alqueries/Alquerías del Niño Perdido			
Sant Joan de Moró			
Ador			

ANÁLISIS DE EXPOSICIÓN			
RIESGO SEGÚN SUPERFICIE			
Bajo	**Medio**	**Alto**	**Muy Alto**
Canals			
Canet d'En Berenguer			
Càrcer			
Carlet			
Carrícola			
Casinos			
Castelló de Rugat			
Castellonet de la Conquesta			
Catadau			
Catarroja			
Caudete de las Fuentes			
Cerdà			
Corbera			
Cotes			
Quart de les Valls			
Quart de Poblet			
Quartell			
Quatretonda			
Chella			
Chera			
Xirivella			
Daimús			
l'Eliana			
Emperador			
l'Énova			
Estivella			
Estubeny			
Faura			
Favara			
Fortaleny			
Foios			
la Font d'en Carròs			

RIESGO SUGÚN SUPERFICIE URBANIZADA			
Bajo	Medio	Alto	Muy Alto
Atzeneta d'Albaida			
Agullent			
Alaquàs			
Albaida			
Albal			
Albalat de la Ribera			
Albalat dels Sorells			
Albalat dels Tarongers			
Alberic			
Alborache			
Alboraia/Alboraya			
Albuixech			
Alcàsser			
Alcàntera de Xúquer			
Alzira			
Alcublas			
l'Alcúdia			
l'Alcúdia de Crespins			
Aldaia			
Alfafar			
Alfauir			
Alfara de la Baronia			
Alfara del Patriarca			
Alfarp			
Alfarrasí			
Algar de Palancia			
Algemesí			
Algímia d'Alfara			
Alginet			
Almàssera			
Almiserà			
Almoines			

ANÁLISIS DE EXPOSICIÓN			
RIESGO SEGÚN SUPERFICIE			
Bajo	**Medio**	**Alto**	**Muy Alto**
Fuenterrobles			
Gavarda			
el Genovés			
Gilet			
Godella			
Godelleta			
la Granja de la Costera			
Guadasséquies			
Guadassuar			
Guardamar de la Safor			
Higueruelas			
Xeraco			
Xeresa			
Losa del Obispo			
Llutxent			
Llocnou d'En Fenollet			
Llocnou de la Corona			
Llocnou de Sant Jeroni			
Llanera de Ranes			
Llaurí			
la Llosa de Ranes			
Macastre			
Manises			
Manuel			
Marines			
Massalavés			
Massalfassar			
Massamagrell			
Massanassa			
Meliana			
Miramar			
Mislata			
Moncada			

RIESGO SUGÚN SUPERFICIE URBANIZADA			
Bajo	**Medio**	**Alto**	**Muy Alto**
Almussafes			
Alpuente			
l'Alqueria de la Comtessa			
Andilla			
Anna			
Antella			
Aras de los Olmos			
Aielo de Malferit			
Aielo de Rugat			
Ayora			
Barxeta			
Barx			
Bèlgida			
Bellreguard			
Bellús			
Benagéber			
Benaguasil			
Benavites			
Beneixida			
Benetússer			
Beniarjó			
Beniatjar			
Benicolet			
Benifairó de les Valls			
Benifairó de la Valldigna			
Benifaió			
Beniflá			
Benigànim			
Benimodo			
Benimuslem			
Beniparrell			
Benirredrà			
Benissanó			

ANÁLISIS DE EXPOSICIÓN			
RIESGO SEGÚN SUPERFICIE			
Bajo	**Medio**	**Alto**	**Muy Alto**
Montserrat			
Montaverner			
Montesa			
Montitxelvo/Montichelvo			
Montroi/Montroy			
Museros			
Nàquera/Náquera			
Navarrés			
Novelé/Novetlè			
Olocau			
l'Olleria			
Otos			
Paiporta			
Palma de Gandía			
Palmera			
el Palomar			
Paterna			
Petrés			
Picanya			
Piles			
Pinet			
Polinyà de Xúquer			
Potries			
la Pobla de Farnals			
la Pobla del Duc			
la Pobla de Vallbona			
la Pobla Llarga			
el Puig de Santa Maria			
Puçol			
Rafelbunyol			
Rafelcofer			
Rafelguaraf			

RIESGO SUGÚN SUPERFICIE URBANIZADA			
Bajo	Medio	Alto	Muy Alto
Benissoda			
Benissuera			
Bicorp			
Bocairent			
Bolbaite			
Bonrepòs i Mirambell			
Bufali			
Bugarra			
Buñol			
Burjassot			
Calles			
Camporrobles			
Canals			
Canet d'En Berenguer			
Carcaixent			
Càrcer			
Carlet			
Carrícola			
Casinos			
Castelló de Rugat			
Castellonet de la Conquesta			
Catadau			
Catarroja			
Caudete de las Fuentes			
Cerdà			
Cofrentes			
Corbera			
Cortes de Pallás			
Cotes			
Quart de les Valls			
Quart de Poblet			
Quartell			

ANÁLISIS DE EXPOSICIÓN			
RIESGO SEGÚN SUPERFICIE			
Bajo	**Medio**	**Alto**	**Muy Alto**
Ráfol de Salem			
el Real de Gandia			
Real			
Riola			
Rocafort			
Rotglà i Corberà			
Ròtova			
Rugat			
Salem			
Sant Joanet			
Sedaví			
Segart			
Sellent			
Sempere			
Senyera			
Silla			
Simat de la Valldigna			
Sollana			
Sot de Chera			
Sumacàrcer			
Tavernes Blanques			
Tavernes de la Valldigna			
Terrateig			
Torrella			
Torres Torres			
Vallés			
Vilallonga/Villalonga			
Castelló			
Villar del Arzobispo			
Vinalesa			
Zarra			
Gátova			
San Antonio de Benagéber			

RIESGO SUGÚN SUPERFICIE URBANIZADA			
Bajo	**Medio**	**Alto**	**Muy Alto**
Quatretonda			
Cullera			
Chelva			
Chella			
Chera			
Cheste			
Xirivella			
Chulilla			
Daimús			
Domeño			
Dos Aguas			
l'Eliana			
Emperador			
Enguera			
l'Énova			
Estivella			
Estubeny			
Faura			
Favara			
Fontanars dels Alforins			
Fortaleny			
Foios			
la Font d'en Carròs			
la Font de la Figuera			
Fuenterrobles			
Gavarda			
el Genovés			
Gestalgar			
Gilet			
Godella			
Godelleta			
la Granja de la Costera			
Guadasséquies			

ANÁLISIS DE EXPOSICIÓN			
RIESGO SEGÚN SUPERFICIE			
Bajo	**Medio**	**Alto**	**Muy Alto**
Benicull de Xúquer			
La Iglesuela del Cid			

RIESGO SUGÚN SUPERFICIE URBANIZADA			
Bajo	**Medio**	**Alto**	**Muy Alto**
Guadassuar			
Guardamar de la Safor			
Higueruelas			
Jalance			
Xeraco			
Jarafuel			
Xàtiva			
Xeresa			
Llíria			
Loriguilla			
Losa del Obispo			
Llutxent			
Llocnou de la Corona			
Llocnou de Sant Jeroni			
Llanera de Ranes			
Llaurí			
Llombai			
la Llosa de Ranes			
Macastre			
Manises			
Manuel			
Marines			
Massalavés			
Massalfassar			
Massamagrell			
Massanassa			
Meliana			
Millares			
Miramar			
Mislata			
Mogente/Moixent			
Moncada			
Montserrat			

ANÁLISIS DE EXPOSICIÓN			
RIESGO SEGÚN SUPERFICIE			
Bajo	**Medio**	**Alto**	**Muy Alto**

RIESGO SUGÚN SUPERFICIE URBANIZADA			
Bajo	**Medio**	**Alto**	**Muy Alto**
Montaverner			
Montesa			
Montitxelvo/Montichelvo			
Montroi/Montroy			
Museros			
Nàquera/Náquera			
Navarrés			
Novelé/Novetlè			
Oliva			
Olocau			
l'Olleria			
Ontinyent			
Otos			
Paiporta			
Palma de Gandía			
Palmera			
el Palomar			
Pedralba			
Petrés			
Picanya			
Picassent			
Piles			
Pinet			
Polinyà de Xúquer			
Potries			
la Pobla de Farnals			
la Pobla del Duc			
la Pobla Llarga			
el Puig de Santa Maria			
Puçol			
Quesa			
Rafelbunyol			
Rafelcofer			

ANÁLISIS DE EXPOSICIÓN			
RIESGO SEGÚN SUPERFICIE			
Bajo	Medio	Alto	Muy Alto

RIESGO SUGÚN SUPERFICIE URBANIZADA			
Bajo	Medio	Alto	Muy Alto
Rafelguaraf			
Ráfol de Salem			
el Real de Gandia			
Real			
Requena			
Riba-roja de Túria			
Riola			
Rocafort			
Rotglà i Corberà			
Ròtova			
Rugat			
Salem			
Sant Joanet			
Sedaví			
Segart			
Sellent			
Sempere			
Senyera			
Serra			
Siete Aguas			
Silla			
Simat de la Valldigna			
Sinarcas			
Sollana			
Sot de Chera			
Sueca			
Sumacàrcer			
Tavernes Blanques			
Tavernes de la Valldigna			
Teresa de Cofrentes			
Terrateig			
Titaguas			
Torrella			

ANÁLISIS DE EXPOSICIÓN			
RIESGO SEGÚN SUPERFICIE			
Bajo	**Medio**	**Alto**	**Muy Alto**

RIESGO SUGÚN SUPERFICIE URBANIZADA			
Bajo	**Medio**	**Alto**	**Muy Alto**
Torres Torres			
Tous			
Tuéjar			
Turís			
Utiel			
Vallada			
Vallés			
Venta del Moro			
Vilallonga/Villalonga			
Vilamarxant			
Castelló			
Villar del Arzobispo			
Villargordo del Cabriel			
Vinalesa			
Yátova			
La Yesa			
Zarra			
Gátova			
San Antonio de Benagéber			
Benicull de Xúquer			

MUNICIPIO	VALOR EXPOSICIÓN	ÍNDICE EXPOSICIÓN
Ador	2	0,25
Agost	3	0,375
Agres	2	0,25
Agullent	2	0,25
Aielo de Malferit	2	0,25
Aielo de Rugat	2	0,25
Aigües	2	0,25
Aín	2	0,25
Alaquàs	2	0,25
Albaida	2	0,25
Albal	2	0,25
Albalat de la Ribera	2	0,25
Albalat dels Sorells	2	0,25
Albalat dels Tarongers	2	0,25
Albatera	3	0,375
Alberic	2	0,25
Albocàsser	3	0,375
Alborache	2	0,25
Alboraia/Alboraya	2	0,25
Albuixech	2	0,25
Alcalà de Xivert	4	0,5
Alcalalí	2	0,25
Alcàntera de Xúquer	2	0,25
Alcàsser	2	0,25
Alcocer de Planes	2	0,25
Alcoleja	2	0,25
Alcoy/Alcoi	5	0,625
Alcublas	2	0,25
Alcudia de Veo	2	0,25
Aldaia	2	0,25
Alfafar	2	0,25
Alfafara	2	0,25
Alfara de la Baronia	2	0,25
Alfara del Patriarca	2	0,25

MUNICIPIO	VALOR EXPOSICIÓN	ÍNDICE EXPOSICIÓN
Alfarp	2	0,25
Alfarrasí	2	0,25
Alfauir	2	0,25
Alfondeguilla	2	0,25
Algar de Palancia	2	0,25
Algemesí	2	0,25
Algímia d'Alfara	2	0,25
Algimia de Almonacid	2	0,25
Alginet	2	0,25
Algorfa	2	0,25
Algueña	2	0,25
Alicante/Alacant	7	0,875
Almàssera	2	0,25
Almassora	3	0,375
Almedíjar	2	0,25
Almenara	2	0,25
Almiserà	2	0,25
Almoines	2	0,25
Almoradí	2	0,25
Almudaina	2	0,25
Almussafes	2	0,25
Alpuente	4	0,5
Altea	3	0,375
Altura	4	0,5
Alzira	4	0,5
Andilla	4	0,5
Anna	2	0,25
Antella	2	0,25
Arañuel	2	0,25
Aras de los Olmos	3	0,375
Ares del Maestrat	4	0,5
Argelita	2	0,25
Artana	2	0,25
Aspe	3	0,375

MUNICIPIO	VALOR EXPOSICIÓN	ÍNDICE EXPOSICIÓN
Atzeneta d'Albaida	2	0,25
Atzeneta del Maestrat	3	0,375
Ayódar	2	0,25
Ayora	4	0,5
Azuébar	2	0,25
Balones	2	0,25
Banyeres de Mariola	3	0,375
Barracas	2	0,25
Barx	2	0,25
Barxeta	2	0,25
Bejís	2	0,25
Bèlgida	2	0,25
Bellreguard	2	0,25
Bellús	2	0,25
Benafer	2	0,25
Benafigos	2	0,25
Benagéber	3	0,375
Benaguasil	2	0,25
Benasau	2	0,25
Benassal	3	0,375
Benavites	2	0,25
Beneixama	2	0,25
Beneixida	2	0,25
Benejúzar	2	0,25
Benetússer	2	0,25
Benferri	2	0,25
Beniarbeig	2	0,25
Beniardá	2	0,25
Beniarjó	2	0,25
Beniarrés	2	0,25
Beniatjar	2	0,25
Benicarló	2	0,25
Benicasim/Benicàssim	3	0,375
Benicolet	2	0,25

MUNICIPIO	VALOR EXPOSICIÓN	ÍNDICE EXPOSICIÓN
Benicull de Xúquer	2	0,25
Benidoleig	2	0,25
Benidorm	3	0,375
Benifaió	2	0,25
Benifairó de la Valldigna	2	0,25
Benifairó de les Valls	2	0,25
Benifallim	2	0,25
Benifato	2	0,25
Beniflá	2	0,25
Benigànim	2	0,25
Benigembla	2	0,25
Benijófar	2	0,25
Benilloba	2	0,25
Benillup	2	0,25
Benimantell	2	0,25
Benimarfull	2	0,25
Benimassot	2	0,25
Benimeli	2	0,25
Benimodo	2	0,25
Benimuslem	2	0,25
Beniparrell	2	0,25
Benirredrà	2	0,25
Benissa	4	0,5
Benissanó	2	0,25
Benissoda	2	0,25
Benissuera	2	0,25
Benitachell/el Poble Nou de Benitatxell	2	0,25
Benlloc	2	0,25
Bétera	4	0,5
Betxí	2	0,25
Biar	3	0,375
Bicorp	4	0,5
Bigastro	2	0,25
Bocairent	3	0,375

MUNICIPIO	VALOR EXPOSICIÓN	ÍNDICE EXPOSICIÓN
Bolbaite	2	0,25
Bolulla	2	0,25
Bonrepòs i Mirambell	2	0,25
Borriana/Burriana	2	0,25
Borriol	3	0,375
Bufali	2	0,25
Bugarra	2	0,25
Buñol	4	0,5
Burjassot	2	0,25
Busot	2	0,25
Cabanes	5	0,625
Càlig	2	0,25
Calles	3	0,375
Callosa d'en Sarrià	2	0,25
Callosa de Segura	2	0,25
Calp	3	0,375
Campo de Mirra/el Camp de Mirra	2	0,25
Camporrobles	3	0,375
Canals	2	0,25
Canet d'En Berenguer	2	0,25
Canet lo Roig	3	0,375
Cañada	2	0,25
Carcaixent	3	0,375
Càrcer	2	0,25
Carlet	2	0,25
Carrícola	2	0,25
Casinos	2	0,25
Castalla	4	0,5
Castell de Cabres	2	0,25
Castell de Castells	2	0,25
Castellfort	3	0,375
Castellnovo	2	0,25
Castelló	2	0,25
Castelló de la Plana	4	0,5

MUNICIPIO	VALOR EXPOSICIÓN	ÍNDICE EXPOSICIÓN
Castelló de Rugat	2	0,25
Castellonet de la Conquesta	2	0,25
Castillo de Villamalefa	2	0,25
Catadau	2	0,25
Catarroja	2	0,25
Catí	4	0,5
Catral	2	0,25
Caudete de las Fuentes	2	0,25
Caudiel	3	0,375
Cerdà	2	0,25
Cervera del Maestre	3	0,375
Chella	2	0,25
Chelva	4	0,5
Chera	2	0,25
Cheste	3	0,375
Chilches/Xilxes	2	0,25
Chiva	5	0,625
Chodos/Xodos	2	0,25
Chóvar	2	0,25
Chulilla	3	0,375
Cinctorres	2	0,25
Cirat	2	0,25
Cocentaina	3	0,375
Cofrentes	4	0,5
Confrides	2	0,25
Corbera	2	0,25
Cortes de Arenoso	3	0,375
Cortes de Pallás	4	0,5
Costur	2	0,25
Cotes	2	0,25
Cox	2	0,25
Crevillent	4	0,5
Culla	4	0,5
Cullera	3	0,375

MUNICIPIO	VALOR EXPOSICIÓN	ÍNDICE EXPOSICIÓN
Daimús	2	0,25
Daya Nueva	2	0,25
Daya Vieja	2	0,25
Dénia	3	0,375
Dolores	2	0,25
Domeño	3	0,375
Dos Aguas	4	0,5
el Campello	4	0,5
el Castell de Guadalest	2	0,25
el Fondó de les Neus/Hondón de las Nieves	3	0,375
el Genovés	2	0,25
el Palomar	2	0,25
el Pinós/Pinoso	4	0,5
el Puig de Santa Maria	2	0,25
el Ràfol d'Almúnia	2	0,25
el Real de Gandia	2	0,25
El Toro	4	0,5
el Verger	2	0,25
Elche/Elx	4	0,5
Elda	2	0,25
els Poblets	3	0,375
Emperador	2	0,25
Enguera	4	0,5
Eslida	2	0,25
Espadilla	2	0,25
Estivella	2	0,25
Estubeny	2	0,25
Fageca	2	0,25
Famorca	2	0,25
Fanzara	2	0,25
Faura	2	0,25
Favara	2	0,25
Figueroles	2	0,25
Finestrat	2	0,25

MUNICIPIO	VALOR EXPOSICIÓN	ÍNDICE EXPOSICIÓN
Foios	2	0,25
Fontanars dels Alforins	3	0,375
Forcall	2	0,25
Formentera del Segura	2	0,25
Fortaleny	2	0,25
Fuente la Reina	2	0,25
Fuenterrobles	2	0,25
Fuentes de Ayódar	2	0,25
Gaianes	2	0,25
Gaibiel	2	0,25
Gandia	4	0,5
Gata de Gorgos	2	0,25
Gátova	2	0,25
Gavarda	2	0,25
Geldo	2	0,25
Gestalgar	3	0,375
Gilet	2	0,25
Godella	2	0,25
Godelleta	2	0,25
Gorga	2	0,25
Granja de Rocamora	2	0,25
Guadasséquies	2	0,25
Guadassuar	2	0,25
Guardamar de la Safor	2	0,25
Guardamar del Segura	2	0,25
Herbers	2	0,25
Higueras	2	0,25
Higueruelas	2	0,25
Hondón de los Frailes	2	0,25
Ibi	3	0,375
Jacarilla	2	0,25
Jalance	3	0,375
Jarafuel	4	0,5
Jávea/Xàbia	4	0,5

MUNICIPIO	VALOR EXPOSICIÓN	ÍNDICE EXPOSICIÓN
Jérica	3	0,375
Jijona/Xixona	4	0,5
l'Alcora	3	0,375
l'Alcúdia	2	0,25
l'Alcúdia de Crespins	2	0,25
l'Alfàs del Pi	2	0,25
l'Alqueria d'Asnar	2	0,25
l'Alqueria de la Comtessa	2	0,25
l'Atzúbia	2	0,25
l'Eliana	2	0,25
l'Énova	2	0,25
l'Olleria	2	0,25
la Font d'en Carròs	2	0,25
la Font de la Figuera	3	0,375
la Granja de la Costera	2	0,25
La Iglesuela del Cid	1	0,125
la Jana	2	0,25
la Llosa	2	0,25
la Llosa de Ranes	2	0,25
la Mata de Morella	2	0,25
la Nucia	2	0,25
la Pobla de Benifassà	4	0,5
la Pobla de Farnals	2	0,25
la Pobla de Vallbona	3	0,375
la Pobla del Duc	2	0,25
la Pobla Llarga	2	0,25
la Pobla Tornesa	2	0,25
la Romana	2	0,25
la Salzadella	2	0,25
la Serratella	2	0,25
la Torre d'En Besora	2	0,25
la Torre d'en Doménec	2	0,25
la Vall d'Alcalà	2	0,25
la Vall d'Ebo	2	0,25

MUNICIPIO	VALOR EXPOSICIÓN	ÍNDICE EXPOSICIÓN
la Vall d'Uixó	3	0,375
la Vall de Gallinera	3	0,375
la Vall de Laguar	2	0,25
la Vilavella	2	0,25
La Yesa	3	0,375
les Alqueries/Alquerías del Niño Perdido	2	0,25
les Coves de Vinromà	4	0,5
Llanera de Ranes	2	0,25
Llaurí	2	0,25
Llíber	2	0,25
Llíria	4	0,5
Llocnou d'En Fenollet	3	0,375
Llocnou de la Corona	2	0,25
Llocnou de Sant Jeroni	2	0,25
Llombai	3	0,375
Llucena/Lucena del Cid	4	0,5
Llutxent	2	0,25
Lorcha/l'Orxa	2	0,25
Loriguilla	3	0,375
Los Montesinos	2	0,25
Losa del Obispo	2	0,25
Ludiente	2	0,25
Macastre	2	0,25
Manises	2	0,25
Manuel	2	0,25
Marines	2	0,25
Massalavés	2	0,25
Massalfassar	2	0,25
Massamagrell	2	0,25
Massanassa	2	0,25
Matet	2	0,25
Meliana	2	0,25
Millares	4	0,5
Millena	2	0,25

MUNICIPIO	VALOR EXPOSICIÓN	ÍNDICE EXPOSICIÓN
Miramar	2	0,25
Mislata	2	0,25
Mogente/Moixent	4	0,5
Moncada	2	0,25
Moncofa	2	0,25
Monforte del Cid	3	0,375
Monóvar/Monòver	5	0,625
Montán	2	0,25
Montanejos	2	0,25
Montaverner	2	0,25
Montesa	2	0,25
Montitxelvo/Montichelvo	2	0,25
Montroi/Montroy	2	0,25
Montserrat	2	0,25
Morella	4	0,5
Murla	2	0,25
Muro de Alcoy	2	0,25
Museros	2	0,25
Mutxamel	2	0,25
Nàquera/Náquera	2	0,25
Navajas	2	0,25
Navarrés	2	0,25
Novelda	3	0,375
Novelé/Novetlè	2	0,25
Nules	3	0,375
Oliva	3	0,375
Olocau	2	0,25
Olocau del Rey	2	0,25
Onda	4	0,5
Ondara	2	0,25
Onil	2	0,25
Ontinyent	4	0,5
Orba	2	0,25
Orihuela	5	0,625

MUNICIPIO	VALOR EXPOSICIÓN	ÍNDICE EXPOSICIÓN
Oropesa del Mar/Orpesa	2	0,25
Orxeta	2	0,25
Otos	2	0,25
Paiporta	2	0,25
Palanques	2	0,25
Palma de Gandía	2	0,25
Palmera	2	0,25
Parcent	2	0,25
Paterna	3	0,375
Pavías	2	0,25
Pedralba	3	0,375
Pedreguer	2	0,25
Pego	3	0,375
Penàguila	2	0,25
Peníscola/Peñíscola	3	0,375
Petrer	4	0,5
Petrés	2	0,25
Picanya	2	0,25
Picassent	3	0,375
Pilar de la Horadada	3	0,375
Piles	2	0,25
Pina de Montalgrao	2	0,25
Pinet	2	0,25
Planes	2	0,25
Polinyà de Xúquer	2	0,25
Polop	2	0,25
Portell de Morella	2	0,25
Potries	2	0,25
Puçol	2	0,25
Puebla de Arenoso	2	0,25
Quart de les Valls	2	0,25
Quart de Poblet	2	0,25
Quartell	2	0,25
Quatretonda	2	0,25

MUNICIPIO	VALOR EXPOSICIÓN	ÍNDICE EXPOSICIÓN
Quatretondeta	2	0,25
Quesa	3	0,375
Rafal	2	0,25
Rafelbunyol	2	0,25
Rafelcofer	2	0,25
Rafelguaraf	2	0,25
Ráfol de Salem	2	0,25
Real	2	0,25
Redován	2	0,25
Relleu	3	0,375
Requena	5	0,625
Riba-roja de Túria	3	0,375
Ribesalbes	2	0,25
Riola	2	0,25
Rocafort	2	0,25
Rojales	2	0,25
Rossell	3	0,375
Rotglà i Corberà	2	0,25
Ròtova	2	0,25
Rugat	2	0,25
Sacañet	2	0,25
Sagra	2	0,25
Sagunto/Sagunt	5	0,625
Salem	2	0,25
Salinas	3	0,375
San Antonio de Benagéber	2	0,25
San Fulgencio	2	0,25
San Isidro	2	0,25
San Miguel de Salinas	3	0,375
San Rafael del Río	2	0,25
San Vicente del Raspeig/Sant Vicent del Raspeig	3	0,375
Sanet y Negrals	2	0,25
Sant Joan d'Alacant	2	0,25

MUNICIPIO	VALOR EXPOSICIÓN	ÍNDICE EXPOSICIÓN
Sant Joan de Moró	2	0,25
Sant Joanet	2	0,25
Sant Jordi/San Jorge	2	0,25
Sant Mateu	3	0,375
Santa Magdalena de Pulpis	3	0,375
Santa Pola	3	0,375
Sax	3	0,375
Sedaví	2	0,25
Segart	2	0,25
Segorbe	4	0,5
Sella	2	0,25
Sellent	2	0,25
Sempere	2	0,25
Senija	2	0,25
Senyera	2	0,25
Serra	3	0,375
Sierra Engarcerán	3	0,375
Siete Aguas	4	0,5
Silla	2	0,25
Simat de la Valldigna	2	0,25
Sinarcas	4	0,5
Sollana	2	0,25
Soneja	2	0,25
Sot de Chera	2	0,25
Sot de Ferrer	2	0,25
Sueca	3	0,375
Sueras/Suera	2	0,25
Sumacàrcer	2	0,25
Tales	2	0,25
Tàrbena	2	0,25
Tavernes Blanques	2	0,25
Tavernes de la Valldigna	2	0,25
Teresa	2	0,25
Teresa de Cofrentes	4	0,5

MUNICIPIO	VALOR EXPOSICIÓN	ÍNDICE EXPOSICIÓN
Terrateig	2	0,25
Teulada	2	0,25
Tibi	3	0,375
Tírig	2	0,25
Titaguas	3	0,375
Todolella	2	0,25
Toga	2	0,25
Tollos	2	0,25
Torás	2	0,25
Tormos	2	0,25
Torralba del Pinar	2	0,25
Torreblanca	2	0,25
Torrechiva	2	0,25
Torrella	2	0,25
Torremanzanas/la Torre de les Maçanes	2	0,25
Torrent	4	0,5
Torres Torres	2	0,25
Torrevieja	4	0,5
Tous	4	0,5
Traiguera	3	0,375
Tuéjar	4	0,5
Turís	3	0,375
Useras/les Useres	3	0,375
Utiel	4	0,5
València	7	0,875
Vall d'Alba	3	0,375
Vall de Almonacid	2	0,25
Vallada	3	0,375
Vallat	2	0,25
Vallés	2	0,25
Vallibona	3	0,375
Venta del Moro	4	0,5
Vila-real	3	0,375
Vilafamés	3	0,375

MUNICIPIO	VALOR EXPOSICIÓN	ÍNDICE EXPOSICIÓN
Vilafranca/Villafranca del Cid	3	0,375
Vilallonga/Villalonga	2	0,25
Vilamarxant	3	0,375
Vilanova d'Alcolea	3	0,375
Vilar de Canes	2	0,25
Villahermosa del Río	4	0,5
Villajoyosa/la Vila Joiosa	3	0,375
Villamalur	2	0,25
Villanueva de Viver	2	0,25
Villar del Arzobispo	2	0,25
Villargordo del Cabriel	3	0,375
Villena	4	0,5
Villores	2	0,25
Vinalesa	2	0,25
Vinaròs	3	0,375
Vistabella del Maestrat	4	0,5
Viver	2	0,25
Xaló	2	0,25
Xàtiva	3	0,375
Xeraco	2	0,25
Xeresa	2	0,25
Xert	3	0,375
Xirivella	2	0,25
Yátova	4	0,5
Zarra	2	0,25
Zorita del Maestrazgo	3	0,375
Zucaina	3	0,375

Análisis de la Vulnerabilidad			
Riesgo según Censo 2011			
Bajo	Medio	Alto	Muy Alto
l'Atzúbia	el Campello	Alcoy/Alcoi	Alicante/ Alacant
Agost	Crevillent	Benidorm	Elche/Elx
Agres	Dénia	Elda	València
Aigües	Jávea/Xàbia	Orihuela	
Albatera	Novelda	San Vicente del Raspeig/ Sant Vicent del Raspeig	
Alcalalí	Petrer	Torrevieja	
Alcocer de Planes	Santa Pola	Castelló de la Plana	
Alcoleja	Villajoyosa/la Vila Joiosa	Vila-real	
Alfafara	Villena	Gandia	
l'Alfàs del Pi	Almassora	Paterna	
Algorfa	Benicarló	Sagunto/Sagunt	
Algueña	Borriana/ Burriana	Torrent	
Almoradí	Onda		
Almudaina	la Vall d'Uixó		
l'Alqueria d'Asnar	Vinaròs		
Altea	Alaquàs		
Aspe	Alzira		
Balones	Aldaia		
Banyeres de Mariola	Algemesí		
Benasau	Burjassot		
Beneixama	Catarroja		
Benejúzar	Quart de Poblet		
Benferri	Xirivella		
Beniarbeig	Xàtiva		
Beniardá	Manises		

Riesgo según Estimación 2021			
Bajo	**Medio**	**Alto**	**Muy Alto**
l'Atzúbia	el Campello	Alcoy/Alcoi	Alicante/ Alacant
Agost	Crevillent	Benidorm	Elche/Elx
Agres	Dénia	Elda	València
Aigües	Jávea/Xàbia	Orihuela	
Albatera	Mutxamel	San Vicente del Raspeig/ Sant Vicent del Raspeig	
Alcalalí	Novelda	Torrevieja	
Alcocer de Planes	Petrer	Castelló de la Plana	
Alcoleja	Santa Pola	Vila-real	
Alfafara	Villajoyosa/la Vila Joiosa	Gandia	
l'Alfàs del Pi	Villena	Paterna	
Algorfa	Almassora	Sagunto/Sagunt	
Algueña	Benicarló	Torrent	
Almoradí	Borriana/ Burriana		
Almudaina	la Vall d'Uixó		
l'Alqueria d'Asnar	Vinaròs		
Altea	Alaquàs		
Aspe	Alzira		
Balones	Aldaia		
Banyeres de Mariola	Algemesí		
Benasau	Bétera		
Beneixama	Burjassot		
Benejúzar	Catarroja		
Benferri	Quart de Poblet		
Beniarbeig	Xirivella		
Beniardá	Xàtiva		

Análisis de la Vulnerabilidad			
Riesgo según Censo 2011			
Bajo	Medio	Alto	Muy Alto
Beniarrés	Mislata		
Benigembla	Oliva		
Benidoleig	Ontinyent		
Benifallim	Sueca		
Benifato			
Benijófar			
Benilloba			
Benillup			
Benimantell			
Benimarfull			
Benimassot			
Benimeli			
Benissa			
Benitachell/el Poble Nou de Benitatxell			
Biar			
Bigastro			
Bolulla			
Busot			
Calp			
Callosa d'en Sarrià			
Callosa de Segura			
Campo de Mirra/el Camp de Mirra			
Cañada			
Castalla			
Castell de Castells			
Catral			
Cocentaina			
Confrides			
Cox			
Quatretondeta			

Riesgo según Estimación 2021			
Bajo	**Medio**	**Alto**	**Muy Alto**
Beniarrés	Manises		
Benigembla	Mislata		
Benidoleig	Oliva		
Benifallim	Ontinyent		
Benifato	Paiporta		
Benijófar	la Pobla de Vallbona		
Benilloba	Sueca		
Benillup			
Benimantell			
Benimarfull			
Benimassot			
Benimeli			
Benissa			
Benitachell/el Poble Nou de Benitatxell			
Biar			
Bigastro			
Bolulla			
Busot			
Calp			
Callosa d'en Sarrià			
Callosa de Segura			
Campo de Mirra/el Camp de Mirra			
Cañada			
Castalla			
Castell de Castells			
Catral			
Cocentaina			
Confrides			
Cox			
Quatretondeta			

Análisis de la Vulnerabilidad			
Riesgo según Censo 2011			
Bajo	Medio	Alto	Muy Alto
Daya Nueva			
Daya Vieja			
Dolores			
Fageca			
Famorca			
Finestrat			
Formentera del Segura			
Gata de Gorgos			
Gaianes			
Gorga			
Granja de Rocamora			
el Castell de Guadalest			
Guardamar del Segura			
el Fondó de les Neus/ Hondón de las Nieves			
Hondón de los Frailes			
Ibi			
Jacarilla			
Xaló			
Jijona/Xixona			
Lorcha/l'Orxa			
Llíber			
Millena			
Monforte del Cid			
Monóvar/Monòver			
Mutxamel			
Murla			
Muro de Alcoy			
la Nucia			
Ondara			
Onil			
Orba			
Orxeta			

Riesgo según Estimación 2021			
Bajo	Medio	Alto	Muy Alto
Daya Nueva			
Daya Vieja			
Dolores			
Fageca			
Famorca			
Finestrat			
Formentera del Segura			
Gata de Gorgos			
Gaianes			
Gorga			
Granja de Rocamora			
el Castell de Guadalest			
Guardamar del Segura			
el Fondó de les Neus/ Hondón de las Nieves			
Hondón de los Frailes			
Ibi			
Jacarilla			
Xaló			
Jijona/Xixona			
Lorcha/l'Orxa			
Llíber			
Millena			
Monforte del Cid			
Monóvar/Monòver			
Murla			
Muro de Alcoy			
la Nucia			
Ondara			
Onil			
Orba			
Orxeta			
Parcent			

Análisis de la Vulnerabilidad			
Riesgo según Censo 2011			
Bajo	**Medio**	**Alto**	**Muy Alto**
Parcent			
Pedreguer			
Pego			
Penàguila			
el Pinós/Pinoso			
Planes			
Polop			
Rafal			
el Ràfol d'Almúnia			
Redován			
Relleu			
Rojales			
la Romana			
Sagra			
Salinas			
Sanet y Negrals			
San Fulgencio			
Sant Joan d'Alacant			
San Miguel de Salinas			
Sax			
Sella			
Senija			
Tàrbena			
Teulada			
Tibi			
Tollos			
Tormos			
Torremanzanas/la Torre de les Maçanes			
la Vall d'Alcalà			
la Vall d'Ebo			
la Vall de Gallinera			

Riesgo según Estimación 2021			
Bajo	Medio	Alto	Muy Alto
Pedreguer			
Pego			
Penàguila			
el Pinós/Pinoso			
Planes			
Polop			
Rafal			
el Ràfol d'Almúnia			
Redován			
Relleu			
Rojales			
la Romana			
Sagra			
Salinas			
Sanet y Negrals			
San Fulgencio			
Sant Joan d'Alacant			
San Miguel de Salinas			
Sax			
Sella			
Senija			
Tàrbena			
Teulada			
Tibi			
Tollos			
Tormos			
Torremanzanas/la Torre de les Maçanes			
la Vall d'Alcalà			
la Vall d'Ebo			
la Vall de Gallinera			
la Vall de Laguar			

Análisis de la Vulnerabilidad			
Riesgo según Censo 2011			
Bajo	Medio	Alto	Muy Alto
la Vall de Laguar			
el Verger			
els Poblets			
Pilar de la Horadada			
Los Montesinos			
San Isidro			
Atzeneta del Maestrat			
Aín			
Albocàsser			
Alcalà de Xivert			
l'Alcora			
Alcudia de Veo			
Alfondeguilla			
Algimia de Almonacid			
Almedíjar			
Almenara			
Altura			
Arañuel			
Ares del Maestrat			
Argelita			
Artana			
Ayódar			
Azuébar			
Barracas			
Betxí			
Bejís			
Benafer			
Benafigos			
Benassal			
Benicasim/Benicàssim			
Benlloc			
Borriol			
Cabanes			

Riesgo según Estimación 2021			
Bajo	Medio	Alto	Muy Alto
el Verger			
els Poblets			
Pilar de la Horadada			
Los Montesinos			
San Isidro			
Atzeneta del Maestrat			
Aín			
Albocàsser			
Alcalà de Xivert			
l'Alcora			
Alcudia de Veo			
Alfondeguilla			
Algimia de Almonacid			
Almedíjar			
Almenara			
Altura			
Arañuel			
Ares del Maestrat			
Argelita			
Artana			
Ayódar			
Azuébar			
Barracas			
Betxí			
Bejís			
Benafer			
Benafigos			
Benassal			
Benicasim/Benicàssim			
Benlloc			
Borriol			
Cabanes			
Càlig			

Análisis de la Vulnerabilidad			
Riesgo según Censo 2011			
Bajo	Medio	Alto	Muy Alto
Càlig			
Canet lo Roig			
Castell de Cabres			
Castellfort			
Castellnovo			
Castillo de Villamalefa			
Catí			
Caudiel			
Cervera del Maestre			
Cinctorres			
Cirat			
Cortes de Arenoso			
Costur			
les Coves de Vinromà			
Culla			
Xert			
Chilches/Xilxes			
Chodos/Xodos			
Chóvar			
Eslida			
Espadilla			
Fanzara			
Figueroles			
Forcall			
Fuente la Reina			
Fuentes de Ayódar			
Gaibiel			
Geldo			
Herbers			
Higueras			
la Jana			
Jérica			
Llucena/Lucena del Cid			

Riesgo según Estimación 2021			
Bajo	**Medio**	**Alto**	**Muy Alto**
Canet lo Roig			
Castell de Cabres			
Castellfort			
Castellnovo			
Castillo de Villamalefa			
Catí			
Caudiel			
Cervera del Maestre			
Cinctorres			
Cirat			
Cortes de Arenoso			
Costur			
les Coves de Vinromà			
Culla			
Xert			
Chilches/Xilxes			
Chodos/Xodos			
Chóvar			
Eslida			
Espadilla			
Fanzara			
Figueroles			
Forcall			
Fuente la Reina			
Fuentes de Ayódar			
Gaibiel			
Geldo			
Herbers			
Higueras			
la Jana			
Jérica			
Llucena/Lucena del Cid			
Ludiente			

Análisis de la Vulnerabilidad			
Riesgo según Censo 2011			
Bajo	**Medio**	**Alto**	**Muy Alto**
Ludiente			
la Llosa			
la Mata de Morella			
Matet			
Moncofa			
Montán			
Montanejos			
Morella			
Navajas			
Nules			
Olocau del Rey			
Oropesa del Mar/Orpesa			
Palanques			
Pavías			
Peníscola/Peñíscola			
Pina de Montalgrao			
Portell de Morella			
Puebla de Arenoso			
la Pobla de Benifassà			
la Pobla Tornesa			
Ribesalbes			
Rossell			
Sacañet			
la Salzadella			
Sant Jordi/San Jorge			
Sant Mateu			
San Rafael del Río			
Santa Magdalena de Pulpis			
la Serratella			
Segorbe			
Sierra Engarcerán			
Soneja			
Sot de Ferrer			

Riesgo según Estimación 2021			
Bajo	**Medio**	**Alto**	**Muy Alto**
la Llosa			
la Mata de Morella			
Matet			
Moncofa			
Montán			
Montanejos			
Morella			
Navajas			
Nules			
Olocau del Rey			
Onda			
Oropesa del Mar/Orpesa			
Palanques			
Pavías			
Peníscola/Peñíscola			
Pina de Montalgrao			
Portell de Morella			
Puebla de Arenoso			
la Pobla de Benifassà			
la Pobla Tornesa			
Ribesalbes			
Rossell			
Sacañet			
la Salzadella			
Sant Jordi/San Jorge			
Sant Mateu			
San Rafael del Río			
Santa Magdalena de Pulpis			
la Serratella			
Segorbe			
Sierra Engarcerán			
Soneja			
Sot de Ferrer			

Análisis de la Vulnerabilidad			
Riesgo según Censo 2011			
Bajo	Medio	Alto	Muy Alto
Sueras/Suera			
Tales			
Teresa			
Tírig			
Todolella			
Toga			
Torás			
El Toro			
Torralba del Pinar			
Torreblanca			
Torrechiva			
la Torre d'En Besora			
la Torre d'en Doménec			
Traiguera			
Useras/les Useres			
Vallat			
Vall d'Alba			
Vall de Almonacid			
Vallibona			
Vilafamés			
Vilafranca/Villafranca del Cid			
Villahermosa del Río			
Villamalur			
Vilanova d'Alcolea			
Villanueva de Viver			
Vilar de Canes			
la Vilavella			
Villores			
Vistabella del Maestrat			
Viver			
Zorita del Maestrazgo			
Zucaina			

Riesgo según Estimación 2021			
Bajo	**Medio**	**Alto**	**Muy Alto**
Sueras/Suera			
Tales			
Teresa			
Tírig			
Todolella			
Toga			
Torás			
El Toro			
Torralba del Pinar			
Torreblanca			
Torrechiva			
la Torre d'En Besora			
la Torre d'en Doménec			
Traiguera			
Useras/les Useres			
Vallat			
Vall d'Alba			
Vall de Almonacid			
Vallibona			
Vilafamés			
Vilafranca/Villafranca del Cid			
Villahermosa del Río			
Villamalur			
Vilanova d'Alcolea			
Villanueva de Viver			
Vilar de Canes			
la Vilavella			
Villores			
Vistabella del Maestrat			
Viver			
Zorita del Maestrazgo			
Zucaina			

Análisis de la Vulnerabilidad			
Riesgo según Censo 2011			
Bajo	**Medio**	**Alto**	**Muy Alto**
les Alqueries/Alquerías del Niño Perdido			
Sant Joan de Moró			
Ador			
Atzeneta d'Albaida			
Agullent			
Albaida			
Albal			
Albalat de la Ribera			
Albalat dels Sorells			
Albalat dels Tarongers			
Alberic			
Alborache			
Alboraia/Alboraya			
Albuixech			
Alcàsser			
Alcàntera de Xúquer			
Alcublas			
l'Alcúdia			
l'Alcúdia de Crespins			
Alfafar			
Alfauir			
Alfara de la Baronia			
Alfara del Patriarca			
Alfarp			
Alfarrasí			
Algar de Palancia			
Algímia d'Alfara			
Alginet			
Almàssera			
Almiserà			
Almoines			
Almussafes			

Riesgo según Estimación 2021			
Bajo	Medio	Alto	Muy Alto
les Alqueries/Alquerías del Niño Perdido			
Sant Joan de Moró			
Ador			
Atzeneta d'Albaida			
Agullent			
Albaida			
Albal			
Albalat de la Ribera			
Albalat dels Sorells			
Albalat dels Tarongers			
Alberic			
Alborache			
Alboraia/Alboraya			
Albuixech			
Alcàsser			
Alcàntera de Xúquer			
Alcublas			
l'Alcúdia			
l'Alcúdia de Crespins			
Alfafar			
Alfauir			
Alfara de la Baronia			
Alfara del Patriarca			
Alfarp			
Alfarrasí			
Algar de Palancia			
Algímia d'Alfara			
Alginet			
Almàssera			
Almiserà			
Almoines			
Almussafes			

Análisis de la Vulnerabilidad			
Riesgo según Censo 2011			
Bajo	**Medio**	**Alto**	**Muy Alto**
Alpuente			
l'Alqueria de la Comtessa			
Andilla			
Anna			
Antella			
Aras de los Olmos			
Aielo de Malferit			
Aielo de Rugat			
Ayora			
Barxeta			
Barx			
Bèlgida			
Bellreguard			
Bellús			
Benagéber			
Benaguasil			
Benavites			
Beneixida			
Benetússer			
Beniarjó			
Beniatjar			
Benicolet			
Benifairó de les Valls			
Benifairó de la Valldigna			
Benifaió			
Beniflá			
Benigànim			
Benimodo			
Benimuslem			
Beniparrell			
Benirredrà			
Benissanó			
Benissoda			

Riesgo según Estimación 2021			
Bajo	**Medio**	**Alto**	**Muy Alto**
Alpuente			
l'Alqueria de la Comtessa			
Andilla			
Anna			
Antella			
Aras de los Olmos			
Aielo de Malferit			
Aielo de Rugat			
Ayora			
Barxeta			
Barx			
Bèlgida			
Bellreguard			
Bellús			
Benagéber			
Benaguasil			
Benavites			
Beneixida			
Benetússer			
Beniarjó			
Beniatjar			
Benicolet			
Benifairó de les Valls			
Benifairó de la Valldigna			
Benifaió			
Beniflá			
Benigànim			
Benimodo			
Benimuslem			
Beniparrell			
Benirredrà			
Benissanó			
Benissoda			

Análisis de la Vulnerabilidad			
Riesgo según Censo 2011			
Bajo	Medio	Alto	Muy Alto
Benissuera			
Bétera			
Bicorp			
Bocairent			
Bolbaite			
Bonrepòs i Mirambell			
Bufali			
Bugarra			
Buñol			
Calles			
Camporrobles			
Canals			
Canet d'En Berenguer			
Carcaixent			
Càrcer			
Carlet			
Carrícola			
Casinos			
Castelló de Rugat			
Castellonet de la Conquesta			
Catadau			
Caudete de las Fuentes			
Cerdà			
Cofrentes			
Corbera			
Cortes de Pallás			
Cotes			
Quart de les Valls			
Quartell			
Quatretonda			
Cullera			

Riesgo según Estimación 2021			
Bajo	Medio	Alto	Muy Alto
Benissuera			
Bicorp			
Bocairent			
Bolbaite			
Bonrepòs i Mirambell			
Bufali			
Bugarra			
Buñol			
Calles			
Camporrobles			
Canals			
Canet d'En Berenguer			
Carcaixent			
Càrcer			
Carlet			
Carrícola			
Casinos			
Castelló de Rugat			
Castellonet de la Conquesta			
Catadau			
Caudete de las Fuentes			
Cerdà			
Cofrentes			
Corbera			
Cortes de Pallás			
Cotes			
Quart de les Valls			
Quartell			
Quatretonda			
Cullera			
Chelva			

Análisis de la Vulnerabilidad			
Riesgo según Censo 2011			
Bajo	Medio	Alto	Muy Alto
Chelva			
Chella			
Chera			
Cheste			
Chiva			
Chulilla			
Daimús			
Domeño			
Dos Aguas			
l'Eliana			
Emperador			
Enguera			
l'Énova			
Estivella			
Estubeny			
Faura			
Favara			
Fontanars dels Alforins			
Fortaleny			
Foios			
la Font d'en Carròs			
la Font de la Figuera			
Fuenterrobles			
Gavarda			
el Genovés			
Gestalgar			
Gilet			
Godella			
Godelleta			
la Granja de la Costera			
Guadasséquies			
Guadassuar			
Guardamar de la Safor			

Riesgo según Estimación 2021			
Bajo	**Medio**	**Alto**	**Muy Alto**
Chella			
Chera			
Cheste			
Chiva			
Chulilla			
Daimús			
Domeño			
Dos Aguas			
l'Eliana			
Emperador			
Enguera			
l'Énova			
Estivella			
Estubeny			
Faura			
Favara			
Fontanars dels Alforins			
Fortaleny			
Foios			
la Font d'en Carròs			
la Font de la Figuera			
Fuenterrobles			
Gavarda			
el Genovés			
Gestalgar			
Gilet			
Godella			
Godelleta			
la Granja de la Costera			
Guadasséquies			
Guadassuar			
Guardamar de la Safor			
Higueruelas			

Análisis de la Vulnerabilidad			
Riesgo según Censo 2011			
Bajo	**Medio**	**Alto**	**Muy Alto**
Higueruelas			
Jalance			
Xeraco			
Jarafuel			
Xeresa			
Llíria			
Loriguilla			
Losa del Obispo			
Llutxent			
Llocnou d'En Fenollet			
Llocnou de la Corona			
Llocnou de Sant Jeroni			
Llanera de Ranes			
Llaurí			
Llombai			
la Llosa de Ranes			
Macastre			
Manuel			
Marines			
Massalavés			
Massalfassar			
Massamagrell			
Massanassa			
Meliana			
Millares			
Miramar			
Mogente/Moixent			
Moncada			
Montserrat			
Montaverner			
Montesa			
Montitxelvo/Montichelvo			
Montroi/Montroy			

Riesgo según Estimación 2021			
Bajo	**Medio**	**Alto**	**Muy Alto**
Jalance			
Xeraco			
Jarafuel			
Xeresa			
Llíria			
Loriguilla			
Losa del Obispo			
Llutxent			
Llocnou d'En Fenollet			
Llocnou de la Corona			
Llocnou de Sant Jeroni			
Llanera de Ranes			
Llaurí			
Llombai			
la Llosa de Ranes			
Macastre			
Manuel			
Marines			
Massalavés			
Massalfassar			
Massamagrell			
Massanassa			
Meliana			
Millares			
Miramar			
Mogente/Moixent			
Moncada			
Montserrat			
Montaverner			
Montesa			
Montitxelvo/Montichelvo			
Montroi/Montroy			
Museros			

Análisis de la Vulnerabilidad			
Riesgo según Censo 2011			
Bajo	Medio	Alto	Muy Alto
Museros			
Nàquera/Náquera			
Navarrés			
Novelé/Novetlè			
Olocau			
l'Olleria			
Otos			
Paiporta			
Palma de Gandía			
Palmera			
el Palomar			
Pedralba			
Petrés			
Picanya			
Picassent			
Piles			
Pinet			
Polinyà de Xúquer			
Potries			
la Pobla de Farnals			
la Pobla del Duc			
la Pobla de Vallbona			
la Pobla Llarga			
el Puig de Santa Maria			
Puçol			
Quesa			
Rafelbunyol			
Rafelcofer			
Rafelguaraf			
Ráfol de Salem			
el Real de Gandia			
Real			
Requena			

Riesgo según Estimación 2021			
Bajo	**Medio**	**Alto**	**Muy Alto**
Nàquera/Náquera			
Navarrés			
Novelé/Novetlè			
Olocau			
l'Olleria			
Otos			
Palma de Gandía			
Palmera			
el Palomar			
Pedralba			
Petrés			
Picanya			
Picassent			
Piles			
Pinet			
Polinyà de Xúquer			
Potries			
la Pobla de Farnals			
la Pobla del Duc			
la Pobla Llarga			
el Puig de Santa Maria			
Puçol			
Quesa			
Rafelbunyol			
Rafelcofer			
Rafelguaraf			
Ráfol de Salem			
el Real de Gandia			
Real			
Requena			
Riba-roja de Túria			
Riola			
Rocafort			

Análisis de la Vulnerabilidad			
Riesgo según Censo 2011			
Bajo	Medio	Alto	Muy Alto
Riba-roja de Túria			
Riola			
Rocafort			
Rotglà i Corberà			
Ròtova			
Rugat			
Salem			
Sant Joanet			
Sedaví			
Segart			
Sellent			
Sempere			
Senyera			
Serra			
Siete Aguas			
Silla			
Simat de la Valldigna			
Sinarcas			
Sollana			
Sot de Chera			
Sumacàrcer			
Tavernes Blanques			
Tavernes de la Valldigna			
Teresa de Cofrentes			
Terrateig			
Titaguas			
Torrella			
Torres Torres			
Tous			
Tuéjar			
Turís			
Utiel			
Vallada			

Riesgo según Estimación 2021			
Bajo	Medio	Alto	Muy Alto
Rotglà i Corberà			
Ròtova			
Rugat			
Salem			
Sant Joanet			
Sedaví			
Segart			
Sellent			
Sempere			
Senyera			
Serra			
Siete Aguas			
Silla			
Simat de la Valldigna			
Sinarcas			
Sollana			
Sot de Chera			
Sumacàrcer			
Tavernes Blanques			
Tavernes de la Valldigna			
Teresa de Cofrentes			
Terrateig			
Titaguas			
Torrella			
Torres Torres			
Tous			
Tuéjar			
Turís			
Utiel			
Vallada			
Vallés			
Venta del Moro			
Vilallonga/Villalonga			

Análisis de la Vulnerabilidad			
Riesgo según Censo 2011			
Bajo	**Medio**	**Alto**	**Muy Alto**
Vallés			
Venta del Moro			
Vilallonga/Villalonga			
Vilamarxant			
Castelló			
Villar del Arzobispo			
Villargordo del Cabriel			
Vinalesa			
Yátova			
La Yesa			
Zarra			
Gátova			
San Antonio de Benagéber			
Benicull de Xúquer			

MUNICIPIO	VALOR VULNERABILIDAD	ÍNDICE VULNERABILIDAD
Agres	dio 2 Alto	0,25 Muy Alto
Agullent	2	0,25
Aielo de Malferit	2	0,25
Aielo de Rugat	2	0,25
Aigües	2	0,25
Aín	2	0,25
Alaquàs	4	0,5
Albaida	2	0,25
Albal	2	0,25
Albalat de la Ribera	2	0,25
Albalat dels Sorells	2	0,25
Albalat dels Tarongers	2	0,25
Albatera	2	0,25
Alberic	2	0,25
Albocàsser	2	0,25
Alborache	2	0,25
Alboraia/Alboraya	2	0,25
Albuixech	2	0,25
Alcalà de Xivert	2	0,25
Alcalalí	2	0,25
Alcàntera de Xúquer	2	0,25
Alcàsser	2	0,25
Alcocer de Planes	2	0,25
Alcoleja	2	0,25
Alcoy/Alcoi	6	0,75
Alcublas	2	0,25
Alcudia de Veo	2	0,25
Aldaia	4	0,5
Alfafar	2	0,25
Alfafara	2	0,25
Alfara de la Baronia	2	0,25
Alfara del Patriarca	2	0,25
Alfarp	2	0,25
Alfarrasí	2	0,25

MUNICIPIO	VALOR VULNERABILIDAD	ÍNDICE VULNERABILIDAD
Alfauir	2	0,25
Alfondeguilla	2	0,25
Algar de Palancia	2	0,25
Algemesí	4	0,5
Algímia d'Alfara	2	0,25
Algimia de Almonacid	2	0,25
Alginet	2	0,25
Algorfa	2	0,25
Algueña	2	0,25
Alicante/Alacant	8	1
Almàssera	2	0,25
Almassora	4	0,5
Almedíjar	2	0,25
Almenara	2	0,25
Almiserà	2	0,25
Almoines	2	0,25
Almoradí	2	0,25
Almudaina	2	0,25
Almussafes	2	0,25
Alpuente	2	0,25
Altea	2	0,25
Altura	2	0,25
Alzira	4	0,5
Andilla	2	0,25
Anna	2	0,25
Antella	2	0,25
Arañuel	2	0,25
Aras de los Olmos	2	0,25
Ares del Maestrat	2	0,25
Argelita	2	0,25
Artana	2	0,25
Aspe	2	0,25
Atzeneta d'Albaida	2	0,25
Atzeneta del Maestrat	2	0,25

MUNICIPIO	VALOR VULNERABILIDAD	ÍNDICE VULNERABILIDAD
Ayódar	2	0,25
Ayora	2	0,25
Azuébar	2	0,25
Balones	2	0,25
Banyeres de Mariola	2	0,25
Barracas	2	0,25
Barx	2	0,25
Barxeta	2	0,25
Bejís	2	0,25
Bèlgida	2	0,25
Bellreguard	2	0,25
Bellús	2	0,25
Benafer	2	0,25
Benafigos	2	0,25
Benagéber	2	0,25
Benaguasil	2	0,25
Benasau	2	0,25
Benassal	2	0,25
Benavites	2	0,25
Beneixama	2	0,25
Beneixida	2	0,25
Benejúzar	2	0,25
Benetússer	2	0,25
Benferri	2	0,25
Beniarbeig	2	0,25
Beniardá	2	0,25
Beniarjó	2	0,25
Beniarrés	2	0,25
Beniatjar	2	0,25
Benicarló	4	0,5
Benicasim/Benicàssim	2	0,25
Benicolet	2	0,25
Benicull de Xúquer	2	0,25
Benidoleig	2	0,25

MUNICIPIO	VALOR VULNERABILIDAD	ÍNDICE VULNERABILIDAD
Benidorm	6	0,75
Benifaió	2	0,25
Benifairó de la Valldigna	2	0,25
Benifairó de les Valls	2	0,25
Benifallim	2	0,25
Benifato	2	0,25
Beniflá	2	0,25
Benigànim	2	0,25
Benigembla	2	0,25
Benijófar	2	0,25
Benilloba	2	0,25
Benillup	2	0,25
Benimantell	2	0,25
Benimarfull	2	0,25
Benimassot	2	0,25
Benimeli	2	0,25
Benimodo	2	0,25
Benimuslem	2	0,25
Beniparrell	2	0,25
Benirredrà	2	0,25
Benissa	2	0,25
Benissanó	2	0,25
Benissoda	2	0,25
Benissuera	2	0,25
Benitachell/el Poble Nou de Benitatxell	2	0,25
Benlloc	2	0,25
Bétera	3	0,375
Betxí	2	0,25
Biar	2	0,25
Bicorp	2	0,25
Bigastro	2	0,25
Bocairent	2	0,25
Bolbaite	2	0,25

MUNICIPIO	VALOR VULNERABILIDAD	ÍNDICE VULNERABILIDAD
Bolulla	2	0,25
Bonrepòs i Mirambell	2	0,25
Borriana/Burriana	4	0,5
Borriol	2	0,25
Bufali	2	0,25
Bugarra	2	0,25
Buñol	2	0,25
Burjassot	4	0,5
Busot	2	0,25
Cabanes	2	0,25
Càlig	2	0,25
Calles	2	0,25
Callosa d'en Sarrià	2	0,25
Callosa de Segura	2	0,25
Calp	2	0,25
Campo de Mirra/el Camp de Mirra	2	0,25
Camporrobles	2	0,25
Canals	2	0,25
Canet d'En Berenguer	2	0,25
Canet lo Roig	2	0,25
Cañada	2	0,25
Carcaixent	2	0,25
Càrcer	2	0,25
Carlet	2	0,25
Carrícola	2	0,25
Casinos	2	0,25
Castalla	2	0,25
Castell de Cabres	2	0,25
Castell de Castells	2	0,25
Castellfort	2	0,25
Castellnovo	2	0,25
Castelló	2	0,25
Castelló de la Plana	6	0,75
Castelló de Rugat	2	0,25

MUNICIPIO	VALOR VULNERABILIDAD	ÍNDICE VULNERABILIDAD
Castellonet de la Conquesta	2	0,25
Castillo de Villamalefa	2	0,25
Catadau	2	0,25
Catarroja	4	0,5
Catí	2	0,25
Catral	2	0,25
Caudete de las Fuentes	2	0,25
Caudiel	2	0,25
Cerdà	2	0,25
Cervera del Maestre	2	0,25
Chella	2	0,25
Chelva	2	0,25
Chera	2	0,25
Cheste	2	0,25
Chilches/Xilxes	2	0,25
Chiva	2	0,25
Chodos/Xodos	2	0,25
Chóvar	2	0,25
Chulilla	2	0,25
Cinctorres	2	0,25
Cirat	2	0,25
Cocentaina	2	0,25
Cofrentes	2	0,25
Confrides	2	0,25
Corbera	2	0,25
Cortes de Arenoso	2	0,25
Cortes de Pallás	2	0,25
Costur	2	0,25
Cotes	2	0,25
Cox	2	0,25
Crevillent	4	0,5
Culla	2	0,25
Cullera	2	0,25
Daimús	2	0,25

MUNICIPIO	VALOR VULNERABILIDAD	ÍNDICE VULNERABILIDAD
Daya Nueva	2	0,25
Daya Vieja	2	0,25
Dénia	4	0,5
Dolores	2	0,25
Domeño	2	0,25
Dos Aguas	2	0,25
el Campello	4	0,5
el Castell de Guadalest	2	0,25
el Fondó de les Neus/Hondón de las Nieves	2	0,25
el Genovés	2	0,25
el Palomar	2	0,25
el Pinós/Pinoso	2	0,25
el Puig de Santa Maria	2	0,25
el Ràfol d'Almúnia	2	0,25
el Real de Gandia	2	0,25
El Toro	2	0,25
el Verger	2	0,25
Elche/Elx	8	1
Elda	6	0,75
els Poblets	2	0,25
Emperador	2	0,25
Enguera	2	0,25
Eslida	2	0,25
Espadilla	2	0,25
Estivella	2	0,25
Estubeny	2	0,25
Fageca	2	0,25
Famorca	2	0,25
Fanzara	2	0,25
Faura	2	0,25
Favara	2	0,25
Figueroles	2	0,25
Finestrat	2	0,25

MUNICIPIO	VALOR VULNERABILIDAD	ÍNDICE VULNERABILIDAD
Foios	2	0,25
Fontanars dels Alforins	2	0,25
Forcall	2	0,25
Formentera del Segura	2	0,25
Fortaleny	2	0,25
Fuente la Reina	2	0,25
Fuenterrobles	2	0,25
Fuentes de Ayódar	2	0,25
Gaianes	2	0,25
Gaibiel	2	0,25
Gandia	6	0,75
Gata de Gorgos	2	0,25
Gátova	2	0,25
Gavarda	2	0,25
Geldo	2	0,25
Gestalgar	2	0,25
Gilet	2	0,25
Godella	2	0,25
Godelleta	2	0,25
Gorga	2	0,25
Granja de Rocamora	2	0,25
Guadasséquies	2	0,25
Guadassuar	2	0,25
Guardamar de la Safor	2	0,25
Guardamar del Segura	2	0,25
Herbers	2	0,25
Higueras	2	0,25
Higueruelas	2	0,25
Hondón de los Frailes	2	0,25
Ibi	2	0,25
Jacarilla	2	0,25
Jalance	2	0,25
Jarafuel	2	0,25
Jávea/Xàbia	4	0,5

MUNICIPIO	VALOR VULNERABILIDAD	ÍNDICE VULNERABILIDAD
Jérica	2	0,25
Jijona/Xixona	2	0,25
l'Alcora	2	0,25
l'Alcúdia	2	0,25
l'Alcúdia de Crespins	2	0,25
l'Alfàs del Pi	2	0,25
l'Alqueria d'Asnar	2	0,25
l'Alqueria de la Comtessa	2	0,25
l'Atzúbia	2	0,25
l'Eliana	2	0,25
l'Énova	2	0,25
l'Olleria	2	0,25
la Font d'en Carròs	2	0,25
la Font de la Figuera	2	0,25
la Granja de la Costera	2	0,25
la Jana	2	0,25
la Llosa	2	0,25
la Llosa de Ranes	2	0,25
la Mata de Morella	2	0,25
la Nucia	2	0,25
la Pobla de Benifassà	2	0,25
la Pobla de Farnals	2	0,25
la Pobla de Vallbona	3	0,375
la Pobla del Duc	2	0,25
la Pobla Llarga	2	0,25
la Pobla Tornesa	2	0,25
la Romana	2	0,25
la Salzadella	2	0,25
la Serratella	2	0,25
la Torre d'En Besora	2	0,25
la Torre d'en Doménec	2	0,25
la Vall d'Alcalà	2	0,25
la Vall d'Ebo	2	0,25
la Vall d'Uixó	4	0,5

MUNICIPIO	VALOR VULNERABILIDAD	ÍNDICE VULNERABILIDAD
la Vall de Gallinera	2	0,25
la Vall de Laguar	2	0,25
la Vilavella	2	0,25
La Yesa	2	0,25
les Alqueries/Alquerías del Niño Perdido	2	0,25
les Coves de Vinromà	2	0,25
Llanera de Ranes	2	0,25
Llaurí	2	0,25
Llíber	2	0,25
Llíria	2	0,25
Llocnou d'En Fenollet	2	0,25
Llocnou de la Corona	2	0,25
Llocnou de Sant Jeroni	2	0,25
Llombai	2	0,25
Llucena/Lucena del Cid	2	0,25
Llutxent	2	0,25
Lorcha/l'Orxa	2	0,25
Loriguilla	2	0,25
Los Montesinos	2	0,25
Losa del Obispo	2	0,25
Ludiente	2	0,25
Macastre	2	0,25
Manises	4	0,5
Manuel	2	0,25
Marines	2	0,25
Massalavés	2	0,25
Massalfassar	2	0,25
Massamagrell	2	0,25
Massanassa	2	0,25
Matet	2	0,25
Meliana	2	0,25
Millares	2	0,25
Millena	2	0,25

MUNICIPIO	VALOR VULNERABILIDAD	ÍNDICE VULNERABILIDAD
Miramar	2	0,25
Mislata	4	0,5
Mogente/Moixent	2	0,25
Moncada	2	0,25
Moncofa	2	0,25
Monforte del Cid	2	0,25
Monóvar/Monòver	2	0,25
Montán	2	0,25
Montanejos	2	0,25
Montaverner	2	0,25
Montesa	2	0,25
Montitxelvo/Montichelvo	2	0,25
Montroi/Montroy	2	0,25
Montserrat	2	0,25
Morella	2	0,25
Murla	2	0,25
Muro de Alcoy	2	0,25
Museros	2	0,25
Mutxamel	3	0,375
Nàquera/Náquera	2	0,25
Navajas	2	0,25
Navarrés	2	0,25
Novelda	4	0,5
Novelé/Novetlè	2	0,25
Nules	2	0,25
Oliva	4	0,5
Olocau	2	0,25
Olocau del Rey	2	0,25
Onda	3	0,375
Ondara	2	0,25
Onil	2	0,25
Ontinyent	4	0,5
Orba	2	0,25
Orihuela	6	0,75

MUNICIPIO	VALOR VULNERABILIDAD	ÍNDICE VULNERABILIDAD
Oropesa del Mar/Orpesa	2	0,25
Orxeta	2	0,25
Otos	2	0,25
Paiporta	3	0,375
Palanques	2	0,25
Palma de Gandía	2	0,25
Palmera	2	0,25
Parcent	2	0,25
Paterna	6	0,75
Pavías	2	0,25
Pedralba	2	0,25
Pedreguer	2	0,25
Pego	2	0,25
Penàguila	2	0,25
Peníscola/Peñíscola	2	0,25
Petrer	4	0,5
Petrés	2	0,25
Picanya	2	0,25
Picassent	2	0,25
Pilar de la Horadada	2	0,25
Piles	2	0,25
Pina de Montalgrao	2	0,25
Pinet	2	0,25
Planes	2	0,25
Polinyà de Xúquer	2	0,25
Polop	2	0,25
Portell de Morella	2	0,25
Potries	2	0,25
Puçol	2	0,25
Puebla de Arenoso	2	0,25
Quart de les Valls	2	0,25
Quart de Poblet	4	0,5
Quartell	2	0,25
Quatretonda	2	0,25

MUNICIPIO	VALOR VULNERABILIDAD	ÍNDICE VULNERABILIDAD
Quatretondeta	2	0,25
Quesa	2	0,25
Rafal	2	0,25
Rafelbunyol	2	0,25
Rafelcofer	2	0,25
Rafelguaraf	2	0,25
Ráfol de Salem	2	0,25
Real	2	0,25
Redován	2	0,25
Relleu	2	0,25
Requena	2	0,25
Riba-roja de Túria	2	0,25
Ribesalbes	2	0,25
Riola	2	0,25
Rocafort	2	0,25
Rojales	2	0,25
Rossell	2	0,25
Rotglà i Corberà	2	0,25
Ròtova	2	0,25
Rugat	2	0,25
Sacañet	2	0,25
Sagra	2	0,25
Sagunto/Sagunt	6	0,75
Salem	2	0,25
Salinas	2	0,25
San Antonio de Benagéber	2	0,25
San Fulgencio	2	0,25
San Isidro	2	0,25
San Miguel de Salinas	2	0,25
San Rafael del Río	2	0,25
San Vicente del Raspeig/Sant Vicent del Raspeig	6	0,75
Sanet y Negrals	2	0,25
Sant Joan d'Alacant	2	0,25

MUNICIPIO	VALOR VULNERABILIDAD	ÍNDICE VULNERABILIDAD
Sant Joan de Moró	2	0,25
Sant Joanet	2	0,25
Sant Jordi/San Jorge	2	0,25
Sant Mateu	2	0,25
Santa Magdalena de Pulpis	2	0,25
Santa Pola	4	0,5
Sax	2	0,25
Sedaví	2	0,25
Segart	2	0,25
Segorbe	2	0,25
Sella	2	0,25
Sellent	2	0,25
Sempere	2	0,25
Senija	2	0,25
Senyera	2	0,25
Serra	2	0,25
Sierra Engarcerán	2	0,25
Siete Aguas	2	0,25
Silla	2	0,25
Simat de la Valldigna	2	0,25
Sinarcas	2	0,25
Sollana	2	0,25
Soneja	2	0,25
Sot de Chera	2	0,25
Sot de Ferrer	2	0,25
Sueca	4	0,5
Sueras/Suera	2	0,25
Sumacàrcer	2	0,25
Tales	2	0,25
Tàrbena	2	0,25
Tavernes Blanques	2	0,25
Tavernes de la Valldigna	2	0,25
Teresa	2	0,25
Teresa de Cofrentes	2	0,25

MUNICIPIO	VALOR VULNERABILIDAD	ÍNDICE VULNERABILIDAD
Terrateig	2	0,25
Teulada	2	0,25
Tibi	2	0,25
Tírig	2	0,25
Titaguas	2	0,25
Todolella	2	0,25
Toga	2	0,25
Tollos	2	0,25
Torás	2	0,25
Tormos	2	0,25
Torralba del Pinar	2	0,25
Torreblanca	2	0,25
Torrechiva	2	0,25
Torrella	2	0,25
Torremanzanas/la Torre de les Maçanes	2	0,25
Torrent	6	0,75
Torres Torres	2	0,25
Torrevieja	6	0,75
Tous	2	0,25
Traiguera	2	0,25
Tuéjar	2	0,25
Turís	2	0,25
Useras/les Useres	2	0,25
Utiel	2	0,25
València	8	1
Vall d'Alba	2	0,25
Vall de Almonacid	2	0,25
Vallada	2	0,25
Vallat	2	0,25
Vallés	2	0,25
Vallibona	2	0,25
Venta del Moro	2	0,25
Vila-real	6	0,75

MUNICIPIO	VALOR VULNERABILIDAD	ÍNDICE VULNERABILIDAD
Vilafamés	2	0,25
Vilafranca/Villafranca del Cid	2	0,25
Vilallonga/Villalonga	2	0,25
Vilamarxant	2	0,25
Vilanova d'Alcolea	2	0,25
Vilar de Canes	2	0,25
Villahermosa del Río	2	0,25
Villajoyosa/la Vila Joiosa	4	0,5
Villamalur	2	0,25
Villanueva de Viver	2	0,25
Villar del Arzobispo	2	0,25
Villargordo del Cabriel	2	0,25
Villena	4	0,5
Villores	2	0,25
Vinalesa	2	0,25
Vinaròs	4	0,5
Vistabella del Maestrat	2	0,25
Viver	2	0,25
Xaló	2	0,25
Xàtiva	4	0,5
Xeraco	2	0,25
Xeresa	2	0,25
Xert	2	0,25
Xirivella	4	0,5
Yátova	2	0,25
Zarra	2	0,25
Zorita del Maestrazgo	2	0,25
Zucaina	2	0,25

ANÁLISIS DE LA PELIGROSIDAD		
MUNICIPIO CON PELIGROSIDAD DE INCENDIO FORESTAL	MUNICIPIOS AFECTADOS POR UNA PRESA	MUNICIPIOS COSTEROS
l'Atzúbia	Beniarrés	l'Alfàs del Pi
Agost	Benimantell	Alicante/Alacant
Agres	Crevillent	Altea
Aigües	Elche/Elx	Benidorm
Albatera	Elda	Benissa
Alcalalí	Orihuela	Benitachell/el Poble Nou de Benitatxell
Alcocer de Planes	Tibi	Calp
Alcoleja	la Vall de Laguar	el Campello
Alcoy/Alcoi	Villajoyosa/la Vila Joiosa	Dénia
Alfafara	l'Alcora	Elche/Elx
l'Alfàs del Pi	Alcudia de Veo	Finestrat
Algorfa	Cirat	Guardamar del Segura
Algueña	Fanzara	Jávea/Xàbia
Alicante/Alacant	Jérica	Orihuela
Almoradí	Montanejos	Santa Pola
Almudaina	Onda	Teulada
l'Alqueria d'Asnar	la Pobla de Benifassà	Torrevieja
Altea	Algar de Palancia	Villajoyosa/la Vila Joiosa
Aspe	Benagéber	Pilar de la Horadada
Balones	Benigànim	Alcalà de Xivert
Banyeres de Mariola	Cortes de Pallás	Almassora
Benasau	Chera	Almenara
Beneixama	Loriguilla	Benicarló
Benejúzar	Navarrés	Benicasim/Benicàssim
Benferri	Oliva	Borriana/Burriana
Beniarbeig	Tous	Cabanes
Beniardá	Villargordo del Cabriel	Castelló de la Plana
Beniarrés	Yátova	Chilches/Xilxes
Benigembla		la Llosa
Benidoleig		Moncofa
Benidorm		Nules

ANÁLISIS DE LA PELIGROSIDAD		
MUNICIPIO CON PELIGROSIDAD DE INCENDIO FORESTAL	MUNICIPIOS AFECTADOS POR UNA PRESA	MUNICIPIOS COSTEROS
Benifallim		Oropesa del Mar/Orpesa
Benifato		Peníscola/Peñíscola
Benijófar		Torreblanca
Benilloba		Vinaròs
Benillup		Albalat dels Sorells
Benimantell		Alboraia/Alboraya
Benimarfull		Albuixech
Benimassot		Bellreguard
Benimeli		Canet d'En Berenguer
Benissa		Cullera
Benitachell/el Poble Nou de Benitatxell		Daimús
Biar		Foios
Bolulla		Gandia
Busot		Guardamar de la Safor
Calp		Xeraco
Callosa d'en Sarrià		Massalfassar
Callosa de Segura		Massamagrell
el Campello		Meliana
Campo de Mirra/el Camp de Mirra		Miramar
Cañada		Oliva
Castalla		Piles
Castell de Castells		la Pobla de Farnals
Catral		el Puig de Santa Maria
Cocentaina		Puçol
Confrides		Sagunto/Sagunt
Cox		Sueca
Crevillent		Tavernes de la Valldigna
Quatretondeta		València
Dénia		
Dolores		

ANÁLISIS DE LA PELIGROSIDAD		
MUNICIPIO CON PELIGROSIDAD DE INCENDIO FORESTAL	MUNICIPIOS AFECTADOS POR UNA PRESA	MUNICIPIOS COSTEROS
Elche/Elx		
Elda		
Fageca		
Famorca		
Finestrat		
Gata de Gorgos		
Gaianes		
Gorga		
Granja de Rocamora		
el Castell de Guadalest		
Guardamar del Segura		
el Fondó de les Neus/ Hondón de las Nieves		
Ibi		
Jacarilla		
Xaló		
Jávea/Xàbia		
Jijona/Xixona		
Lorcha/l'Orxa		
Llíber		
Millena		
Monforte del Cid		
Monóvar/Monòver		
Mutxamel		
Murla		
Muro de Alcoy		
Novelda		
la Nucia		
Ondara		
Onil		
Orba		
Orxeta		

ANÁLISIS DE LA PELIGROSIDAD		
MUNICIPIO CON PELIGROSIDAD DE INCENDIO FORESTAL	MUNICIPIOS AFECTADOS POR UNA PRESA	MUNICIPIOS COSTEROS
Orihuela		
Parcent		
Pedreguer		
Pego		
Penàguila		
Petrer		
el Pinós/Pinoso		
Planes		
Polop		
el Ràfol d'Almúnia		
Redován		
Relleu		
Rojales		
la Romana		
Sagra		
Salinas		
Sanet y Negrals		
San Fulgencio		
San Miguel de Salinas		
Santa Pola		
San Vicente del Raspeig/ Sant Vicent del Raspeig		
Sax		
Sella		
Senija		
Tàrbena		
Teulada		
Tibi		
Tollos		
Tormos		
Torremanzanas/la Torre de les Maçanes		

ANÁLISIS DE LA PELIGROSIDAD		
MUNICIPIO CON PELIGROSIDAD DE INCENDIO FORESTAL	MUNICIPIOS AFECTADOS POR UNA PRESA	MUNICIPIOS COSTEROS
Torrevieja		
la Vall d'Alcalà		
la Vall d'Ebo		
la Vall de Gallinera		
la Vall de Laguar		
el Verger		
Villajoyosa/la Vila Joiosa		
Villena		
Pilar de la Horadada		
Los Montesinos		
San Isidro		
Atzeneta del Maestrat		
Aín		
Albocàsser		
Alcalà de Xivert		
l'Alcora		
Alcudia de Veo		
Alfondeguilla		
Algimia de Almonacid		
Almassora		
Almedíjar		
Almenara		
Altura		
Arañuel		
Ares del Maestrat		
Argelita		
Artana		
Ayódar		
Azuébar		
Barracas		
Betxí		
Bejís		

ANÁLISIS DE LA PELIGROSIDAD		
MUNICIPIO CON PELIGROSIDAD DE INCENDIO FORESTAL	MUNICIPIOS AFECTADOS POR UNA PRESA	MUNICIPIOS COSTEROS
Benafer		
Benafigos		
Benassal		
Benicarló		
Benicasim/Benicàssim		
Benlloc		
Borriol		
Borriana/Burriana		
Cabanes		
Càlig		
Canet lo Roig		
Castell de Cabres		
Castellfort		
Castellnovo		
Castelló de la Plana		
Castillo de Villamalefa		
Catí		
Caudiel		
Cervera del Maestre		
Cinctorres		
Cirat		
Cortes de Arenoso		
Costur		
les Coves de Vinromà		
Culla		
Xert		
Chilches/Xilxes		
Chodos/Xodos		
Chóvar		
Eslida		
Espadilla		
Fanzara		

ANÁLISIS DE LA PELIGROSIDAD		
MUNICIPIO CON PELIGROSIDAD DE INCENDIO FORESTAL	MUNICIPIOS AFECTADOS POR UNA PRESA	MUNICIPIOS COSTEROS
Figueroles		
Forcall		
Fuente la Reina		
Fuentes de Ayódar		
Gaibiel		
Geldo		
Herbers		
Higueras		
la Jana		
Jérica		
Llucena/Lucena del Cid		
Ludiente		
la Llosa		
la Mata de Morella		
Matet		
Moncofa		
Montán		
Montanejos		
Morella		
Navajas		
Nules		
Olocau del Rey		
Onda		
Oropesa del Mar/Orpesa		
Palanques		
Pavías		
Peníscola/Peñíscola		
Pina de Montalgrao		
Portell de Morella		
Puebla de Arenoso		
la Pobla de Benifassà		
la Pobla Tornesa		

ANÁLISIS DE LA PELIGROSIDAD		
MUNICIPIO CON PELIGROSIDAD DE INCENDIO FORESTAL	MUNICIPIOS AFECTADOS POR UNA PRESA	MUNICIPIOS COSTEROS
Ribesalbes		
Rossell		
Sacañet		
la Salzadella		
Sant Jordi/San Jorge		
Sant Mateu		
Santa Magdalena de Pulpis		
la Serratella		
Segorbe		
Sierra Engarcerán		
Soneja		
Sot de Ferrer		
Sueras/Suera		
Tales		
Teresa		
Tírig		
Todolella		
Toga		
Torás		
El Toro		
Torralba del Pinar		
Torreblanca		
Torrechiva		
la Torre d'En Besora		
la Torre d'en Doménec		
Traiguera		
Useras/les Useres		
Vallat		
Vall d'Alba		
Vall de Almonacid		
la Vall d'Uixó		

ANÁLISIS DE LA PELIGROSIDAD		
MUNICIPIO CON PELIGROSIDAD DE INCENDIO FORESTAL	MUNICIPIOS AFECTADOS POR UNA PRESA	MUNICIPIOS COSTEROS
Vallibona		
Vilafamés		
Vilafranca/Villafranca del Cid		
Villahermosa del Río		
Villamalur		
Vilanova d'Alcolea		
Villanueva de Viver		
Vilar de Canes		
Vila-real		
la Vilavella		
Villores		
Vinaròs		
Vistabella del Maestrat		
Viver		
Zorita del Maestrazgo		
Zucaina		
les Alqueries/Alquerías del Niño Perdido		
Sant Joan de Moró		
Ador		
Atzeneta d'Albaida		
Agullent		
Albaida		
Albalat de la Ribera		
Albalat dels Tarongers		
Alberic		
Alborache		
Alcàntera de Xúquer		
Alzira		
Alcublas		
l'Alcúdia		

ANÁLISIS DE LA PELIGROSIDAD		
MUNICIPIO CON PELIGROSIDAD DE INCENDIO FORESTAL	MUNICIPIOS AFECTADOS POR UNA PRESA	MUNICIPIOS COSTEROS
l'Alcúdia de Crespins		
Aldaia		
Alfauir		
Alfara de la Baronia		
Alfara del Patriarca		
Alfarp		
Alfarrasí		
Algar de Palancia		
Algemesí		
Algímia d'Alfara		
Alginet		
Almiserà		
Almoines		
Alpuente		
l'Alqueria de la Comtessa		
Andilla		
Anna		
Antella		
Aras de los Olmos		
Aielo de Malferit		
Aielo de Rugat		
Ayora		
Barxeta		
Barx		
Bèlgida		
Bellús		
Benagéber		
Benaguasil		
Benavites		
Beneixida		
Beniarjó		
Beniatjar		

ANÁLISIS DE LA PELIGROSIDAD		
MUNICIPIO CON PELIGROSIDAD DE INCENDIO FORESTAL	MUNICIPIOS AFECTADOS POR UNA PRESA	MUNICIPIOS COSTEROS
Benicolet		
Benifairó de les Valls		
Benifairó de la Valldigna		
Benigànim		
Benimodo		
Benimuslem		
Beniparrell		
Benirredrà		
Benissoda		
Bétera		
Bicorp		
Bocairent		
Bolbaite		
Bufali		
Bugarra		
Buñol		
Calles		
Camporrobles		
Canals		
Canet d'En Berenguer		
Carcaixent		
Càrcer		
Carlet		
Carrícola		
Casinos		
Castelló de Rugat		
Castellonet de la Conquesta		
Catadau		
Catarroja		
Caudete de las Fuentes		
Cerdà		

ANÁLISIS DE LA PELIGROSIDAD		
MUNICIPIO CON PELIGROSIDAD DE INCENDIO FORESTAL	MUNICIPIOS AFECTADOS POR UNA PRESA	MUNICIPIOS COSTEROS
Cofrentes		
Corbera		
Cortes de Pallás		
Cotes		
Quart de les Valls		
Quart de Poblet		
Quartell		
Quatretonda		
Cullera		
Chelva		
Chella		
Chera		
Cheste		
Chiva		
Chulilla		
Domeño		
Dos Aguas		
Enguera		
l'Énova		
Estivella		
Estubeny		
Favara		
Fontanars dels Alforins		
Fortaleny		
la Font d'en Carròs		
la Font de la Figuera		
Fuenterrobles		
Gavarda		
Gandia		
el Genovés		
Gestalgar		
Gilet		

ANÁLISIS DE LA PELIGROSIDAD		
MUNICIPIO CON PELIGROSIDAD DE INCENDIO FORESTAL	MUNICIPIOS AFECTADOS POR UNA PRESA	MUNICIPIOS COSTEROS
Godella		
Godelleta		
la Granja de la Costera		
Guadasséquies		
Guadassuar		
Higueruelas		
Jalance		
Xeraco		
Jarafuel		
Xàtiva		
Xeresa		
Llíria		
Loriguilla		
Losa del Obispo		
Llutxent		
Llocnou de Sant Jeroni		
Llanera de Ranes		
Llaurí		
Llombai		
la Llosa de Ranes		
Macastre		
Manises		
Manuel		
Marines		
Massalavés		
Massalfassar		
Massamagrell		
Massanassa		
Millares		
Mogente/Moixent		
Moncada		
Montserrat		

ANÁLISIS DE LA PELIGROSIDAD		
MUNICIPIO CON PELIGROSIDAD DE INCENDIO FORESTAL	MUNICIPIOS AFECTADOS POR UNA PRESA	MUNICIPIOS COSTEROS
Montaverner		
Montesa		
Montitxelvo/Montichelvo		
Montroi/Montroy		
Nàquera/Náquera		
Navarrés		
Novelé/Novetlè		
Oliva		
Olocau		
l'Olleria		
Ontinyent		
Otos		
Palma de Gandía		
el Palomar		
Paterna		
Pedralba		
Petrés		
Picanya		
Picassent		
Pinet		
Polinyà de Xúquer		
Potries		
la Pobla del Duc		
la Pobla de Vallbona		
la Pobla Llarga		
el Puig de Santa Maria		
Puçol		
Quesa		
Rafelcofer		
Rafelguaraf		
Ráfol de Salem		
el Real de Gandia		

ANÁLISIS DE LA PELIGROSIDAD		
MUNICIPIO CON PELIGROSIDAD DE INCENDIO FORESTAL	MUNICIPIOS AFECTADOS POR UNA PRESA	MUNICIPIOS COSTEROS
Real		
Requena		
Riba-roja de Túria		
Riola		
Rotglà i Corberà		
Ròtova		
Rugat		
Sagunto/Sagunt		
Salem		
Segart		
Sellent		
Sempere		
Senyera		
Serra		
Siete Aguas		
Simat de la Valldigna		
Sinarcas		
Sollana		
Sot de Chera		
Sueca		
Sumacàrcer		
Tavernes de la Valldigna		
Teresa de Cofrentes		
Terrateig		
Titaguas		
Torrella		
Torrent		
Torres Torres		
Tous		
Tuéjar		
Turís		
Utiel		

ANÁLISIS DE LA PELIGROSIDAD		
MUNICIPIO CON PELIGROSIDAD DE INCENDIO FORESTAL	MUNICIPIOS AFECTADOS POR UNA PRESA	MUNICIPIOS COSTEROS
València		
Vallada		
Vallés		
Venta del Moro		
Vilallonga/Villalonga		
Vilamarxant		
Castelló		
Villar del Arzobispo		
Villargordo del Cabriel		
Vinalesa		
Yátova		
La Yesa		
Zarra		
Gátova		
San Antonio de Benagéber		

MUNICIPIO	VALOR PELIGROSIDAD	ÍNDICE PELIGROSIDAD
Ador	1	0,333
Agost	1	0,333
Agres	1	0,333
Agullent	1	0,333
Aielo de Malferit	1	0,333
Aielo de Rugat	1	0,333
Aigües	1	0,333
Aín	1	0,333
Albaida	1	0,333
Albalat de la Ribera	1	0,333
Albalat dels Sorells	1	0,333
Albalat dels Tarongers	1	0,333
Albatera	1	0,333
Alberic	1	0,333
Albocàsser	1	0,333
Alborache	1	0,333
Alboraia/Alboraya	1	0,333
Albuixech	1	0,333
Alcalà de Xivert	2	0,667
Alcalalí	1	0,333
Alcàntera de Xúquer	1	0,333
Alcocer de Planes	1	0,333
Alcoleja	1	0,333
Alcoy/Alcoi	1	0,333
Alcublas	1	0,333
Alcudia de Veo	2	0,667
Aldaia	1	0,333
Alfafara	1	0,333
Alfara de la Baronia	1	0,333
Alfara del Patriarca	1	0,333
Alfarp	1	0,333
Alfarrasí	1	0,333
Alfauir	1	0,333
Alfondeguilla	1	0,333
Algar de Palancia	2	0,667

MUNICIPIO	VALOR PELIGROSIDAD	ÍNDICE PELIGROSIDAD
Algemesí	1	0,333
Algímia d'Alfara	1	0,333
Algimia de Almonacid	1	0,333
Alginet	1	0,333
Algorfa	1	0,333
Algueña	1	0,333
Alicante/Alacant	2	0,667
Almassora	2	0,667
Almedíjar	1	0,333
Almenara	2	0,667
Almiserà	1	0,333
Almoines	1	0,333
Almoradí	1	0,333
Almudaina	1	0,333
Alpuente	1	0,333
Altea	2	0,667
Altura	1	0,333
Alzira	1	0,333
Andilla	1	0,333
Anna	1	0,333
Antella	1	0,333
Arañuel	1	0,333
Aras de los Olmos	1	0,333
Ares del Maestrat	1	0,333
Argelita	1	0,333
Artana	1	0,333
Aspe	1	0,333
Atzeneta d'Albaida	1	0,333
Atzeneta del Maestrat	1	0,333
Ayódar	1	0,333
Ayora	1	0,333
Azuébar	1	0,333
Balones	1	0,333
Banyeres de Mariola	1	0,333
Barracas	1	0,333

MUNICIPIO	VALOR PELIGROSIDAD	ÍNDICE PELIGROSIDAD
Barx	1	0,333
Barxeta	1	0,333
Bejís	1	0,333
Bèlgida	1	0,333
Bellreguard	1	0,333
Bellús	1	0,333
Benafer	1	0,333
Benafigos	1	0,333
Benagéber	2	0,667
Benaguasil	1	0,333
Benasau	1	0,333
Benassal	1	0,333
Benavites	1	0,333
Beneixama	1	0,333
Beneixida	1	0,333
Benejúzar	1	0,333
Benferri	1	0,333
Beniarbeig	1	0,333
Beniardá	1	0,333
Beniarjó	1	0,333
Beniarrés	2	0,667
Beniatjar	1	0,333
Benicarló	2	0,667
Benicasim/Benicàssim	2	0,667
Benicolet	1	0,333
Benidoleig	1	0,333
Benidorm	2	0,667
Benifairó de la Valldigna	1	0,333
Benifairó de les Valls	1	0,333
Benifallim	1	0,333
Benifato	1	0,333
Benigànim	2	0,667
Benigembla	1	0,333
Benijófar	1	0,333
Benilloba	1	0,333

MUNICIPIO	VALOR PELIGROSIDAD	ÍNDICE PELIGROSIDAD
Benillup	1	0,333
Benimantell	2	0,667
Benimarfull	1	0,333
Benimassot	1	0,333
Benimeli	1	0,333
Benimodo	1	0,333
Benimuslem	1	0,333
Beniparrell	1	0,333
Benirredrà	1	0,333
Benissa	2	0,667
Benissoda	1	0,333
Benitachell/el Poble Nou de Benitatxell	2	0,667
Benlloc	1	0,333
Bétera	1	0,333
Betxí	1	0,333
Biar	1	0,333
Bicorp	1	0,333
Bocairent	1	0,333
Bolbaite	1	0,333
Bolulla	1	0,333
Borriana/Burriana	2	0,667
Borriol	1	0,333
Bufali	1	0,333
Bugarra	1	0,333
Buñol	1	0,333
Busot	1	0,333
Cabanes	2	0,667
Càlig	1	0,333
Calles	1	0,333
Callosa d'en Sarrià	1	0,333
Callosa de Segura	1	0,333
Calp	2	0,667
Campo de Mirra/el Camp de Mirra	1	0,333

MUNICIPIO	VALOR PELIGROSIDAD	ÍNDICE PELIGROSIDAD
Camporrobles	1	0,333
Canals	1	0,333
Canet d'En Berenguer	2	0,667
Canet lo Roig	1	0,333
Cañada	1	0,333
Carcaixent	1	0,333
Càrcer	1	0,333
Carlet	1	0,333
Carrícola	1	0,333
Casinos	1	0,333
Castalla	1	0,333
Castell de Cabres	1	0,333
Castell de Castells	1	0,333
Castellfort	1	0,333
Castellnovo	1	0,333
Castelló	1	0,333
Castelló de la Plana	2	0,667
Castelló de Rugat	1	0,333
Castellonet de la Conquesta	1	0,333
Castillo de Villamalefa	1	0,333
Catadau	1	0,333
Catarroja	1	0,333
Catí	1	0,333
Catral	1	0,333
Caudete de las Fuentes	1	0,333
Caudiel	1	0,333
Cerdà	1	0,333
Cervera del Maestre	1	0,333
Chella	1	0,333
Chelva	1	0,333
Chera	2	0,667
Cheste	1	0,333
Chilches/Xilxes	2	0,667
Chiva	1	0,333

MUNICIPIO	VALOR PELIGROSIDAD	ÍNDICE PELIGROSIDAD
Chodos/Xodos	1	0,333
Chóvar	1	0,333
Chulilla	1	0,333
Cinctorres	1	0,333
Cirat	2	0,667
Cocentaina	1	0,333
Cofrentes	1	0,333
Confrides	1	0,333
Corbera	1	0,333
Cortes de Arenoso	1	0,333
Cortes de Pallás	2	0,667
Costur	1	0,333
Cotes	1	0,333
Cox	1	0,333
Crevillent	2	0,667
Culla	1	0,333
Cullera	2	0,667
Daimús	1	0,333
Dénia	2	0,667
Dolores	1	0,333
Domeño	1	0,333
Dos Aguas	1	0,333
el Campello	2	0,667
el Castell de Guadalest	1	0,333
el Fondó de les Neus/ Hondón de las Nieves	1	0,333
el Genovés	1	0,333
el Palomar	1	0,333
el Pinós/Pinoso	1	0,333
el Puig de Santa Maria	2	0,667
el Ràfol d'Almúnia	1	0,333
el Real de Gandia	1	0,333
El Toro	1	0,333
el Verger	1	0,333
Elche/Elx	3	1

MUNICIPIO	VALOR PELIGROSIDAD	ÍNDICE PELIGROSIDAD
Elda	2	0,667
Enguera	1	0,333
Eslida	1	0,333
Espadilla	1	0,333
Estivella	1	0,333
Estubeny	1	0,333
Fageca	1	0,333
Famorca	1	0,333
Fanzara	2	0,667
Favara	1	0,333
Figueroles	1	0,333
Finestrat	2	0,667
Foios	1	0,333
Fontanars dels Alforins	1	0,333
Forcall	1	0,333
Fortaleny	1	0,333
Fuente la Reina	1	0,333
Fuenterrobles	1	0,333
Fuentes de Ayódar	1	0,333
Gaianes	1	0,333
Gaibiel	1	0,333
Gandia	2	0,667
Gata de Gorgos	1	0,333
Gátova	1	0,333
Gavarda	1	0,333
Geldo	1	0,333
Gestalgar	1	0,333
Gilet	1	0,333
Godella	1	0,333
Godelleta	1	0,333
Gorga	1	0,333
Granja de Rocamora	1	0,333
Guadasséquies	1	0,333
Guadassuar	1	0,333
Guardamar de la Safor	1	0,333

MUNICIPIO	VALOR PELIGROSIDAD	ÍNDICE PELIGROSIDAD
Guardamar del Segura	2	0,667
Herbers	1	0,333
Higueras	1	0,333
Higueruelas	1	0,333
Ibi	1	0,333
Jacarilla	1	0,333
Jalance	1	0,333
Jarafuel	1	0,333
Jávea/Xàbia	2	0,667
Jérica	2	0,667
Jijona/Xixona	1	0,333
l'Alcora	2	0,667
l'Alcúdia	1	0,333
l'Alcúdia de Crespins	1	0,333
l'Alfàs del Pi	2	0,667
l'Alqueria d'Asnar	1	0,333
l'Alqueria de la Comtessa	1	0,333
l'Atzúbia	1	0,333
l'Énova	1	0,333
l'Olleria	1	0,333
la Font d'en Carròs	1	0,333
la Font de la Figuera	1	0,333
la Granja de la Costera	1	0,333
la Jana	1	0,333
la Llosa	2	0,667
la Llosa de Ranes	1	0,333
la Mata de Morella	1	0,333
la Nucia	1	0,333
la Pobla de Benifassà	2	0,667
la Pobla de Farnals	1	0,333
la Pobla de Vallbona	1	0,333
la Pobla del Duc	1	0,333
la Pobla Llarga	1	0,333
la Pobla Tornesa	1	0,333
la Romana	1	0,333

MUNICIPIO	VALOR PELIGROSIDAD	ÍNDICE PELIGROSIDAD
la Salzadella	1	0,333
la Serratella	1	0,333
la Torre d'En Besora	1	0,333
la Torre d'en Doménec	1	0,333
la Vall d'Alcalà	1	0,333
la Vall d'Ebo	1	0,333
la Vall d'Uixó	1	0,333
la Vall de Gallinera	1	0,333
la Vall de Laguar	2	0,667
la Vilavella	1	0,333
La Yesa	1	0,333
les Alqueries/Alquerías del Niño Perdido	1	0,333
les Coves de Vinromà	1	0,333
Llanera de Ranes	1	0,333
Llaurí	1	0,333
Llíber	1	0,333
Llíria	1	0,333
Llocnou de Sant Jeroni	1	0,333
Llombai	1	0,333
Llucena/Lucena del Cid	1	0,333
Llutxent	1	0,333
Lorcha/l'Orxa	1	0,333
Loriguilla	2	0,667
Los Montesinos	1	0,333
Losa del Obispo	1	0,333
Ludiente	1	0,333
Macastre	1	0,333
Manises	1	0,333
Manuel	1	0,333
Marines	1	0,333
Massalavés	1	0,333
Massalfassar	2	0,667
Massamagrell	2	0,667
Massanassa	1	0,333

MUNICIPIO	VALOR PELIGROSIDAD	ÍNDICE PELIGROSIDAD
Matet	1	0,333
Meliana	1	0,333
Millares	1	0,333
Millena	1	0,333
Miramar	1	0,333
Mogente/Moixent	1	0,333
Moncada	1	0,333
Moncofa	2	0,667
Monforte del Cid	1	0,333
Monóvar/Monòver	1	0,333
Montán	1	0,333
Montanejos	2	0,667
Montaverner	1	0,333
Montesa	1	0,333
Montitxelvo/Montichelvo	1	0,333
Montroi/Montroy	1	0,333
Montserrat	1	0,333
Morella	1	0,333
Murla	1	0,333
Muro de Alcoy	1	0,333
Mutxamel	1	0,333
Nàquera/Náquera	1	0,333
Navajas	1	0,333
Navarrés	2	0,667
Novelda	1	0,333
Novelé/Novetlè	1	0,333
Nules	2	0,667
Oliva	3	1
Olocau	1	0,333
Olocau del Rey	1	0,333
Onda	2	0,667
Ondara	1	0,333
Onil	1	0,333
Ontinyent	1	0,333
Orba	1	0,333

MUNICIPIO	VALOR PELIGROSIDAD	ÍNDICE PELIGROSIDAD
Orihuela	3	1
Oropesa del Mar/Orpesa	2	0,667
Orxeta	1	0,333
Otos	1	0,333
Palanques	1	0,333
Palma de Gandía	1	0,333
Parcent	1	0,333
Paterna	1	0,333
Pavías	1	0,333
Pedralba	1	0,333
Pedreguer	1	0,333
Pego	1	0,333
Penàguila	1	0,333
Peníscola/Peñíscola	2	0,667
Petrer	1	0,333
Petrés	1	0,333
Picanya	1	0,333
Picassent	1	0,333
Pilar de la Horadada	2	0,667
Piles	1	0,333
Pina de Montalgrao	1	0,333
Pinet	1	0,333
Planes	1	0,333
Polinyà de Xúquer	1	0,333
Polop	1	0,333
Portell de Morella	1	0,333
Potries	1	0,333
Puçol	2	0,667
Puebla de Arenoso	1	0,333
Quart de les Valls	1	0,333
Quart de Poblet	1	0,333
Quartell	1	0,333
Quatretonda	1	0,333
Quatretondeta	1	0,333
Quesa	1	0,333

MUNICIPIO	VALOR PELIGROSIDAD	ÍNDICE PELIGROSIDAD
Rafelcofer	1	0,333
Rafelguaraf	1	0,333
Ráfol de Salem	1	0,333
Real	1	0,333
Redován	1	0,333
Relleu	1	0,333
Requena	1	0,333
Riba-roja de Túria	1	0,333
Ribesalbes	1	0,333
Riola	1	0,333
Rojales	1	0,333
Rossell	1	0,333
Rotglà i Corberà	1	0,333
Ròtova	1	0,333
Rugat	1	0,333
Sacañet	1	0,333
Sagra	1	0,333
Sagunto/Sagunt	2	0,667
Salem	1	0,333
Salinas	1	0,333
San Antonio de Benagéber	1	0,333
San Fulgencio	1	0,333
San Isidro	1	0,333
San Miguel de Salinas	1	0,333
San Vicente del Raspeig/ Sant Vicent del Raspeig	1	0,333
Sanet y Negrals	1	0,333
Sant Joan de Moró	1	0,333
Sant Jordi/San Jorge	1	0,333
Sant Mateu	1	0,333
Santa Magdalena de Pulpis	1	0,333
Santa Pola	2	0,667
Sax	1	0,333
Segart	1	0,333

MUNICIPIO	VALOR PELIGROSIDAD	ÍNDICE PELIGROSIDAD
Segorbe	1	0,333
Sella	1	0,333
Sellent	1	0,333
Sempere	1	0,333
Senija	1	0,333
Senyera	1	0,333
Serra	1	0,333
Sierra Engarcerán	1	0,333
Siete Aguas	1	0,333
Simat de la Valldigna	1	0,333
Sinarcas	1	0,333
Sollana	1	0,333
Soneja	1	0,333
Sot de Chera	1	0,333
Sot de Ferrer	1	0,333
Sueca	2	0,667
Sueras/Suera	1	0,333
Sumacàrcer	1	0,333
Tales	1	0,333
Tàrbena	1	0,333
Tavernes de la Valldigna	2	0,667
Teresa	1	0,333
Teresa de Cofrentes	1	0,333
Terrateig	1	0,333
Teulada	2	0,667
Tibi	2	0,667
Tírig	1	0,333
Titaguas	1	0,333
Todolella	1	0,333
Toga	1	0,333
Tollos	1	0,333
Torás	1	0,333
Tormos	1	0,333
Torralba del Pinar	1	0,333
Torreblanca	2	0,667

MUNICIPIO	VALOR PELIGROSIDAD	ÍNDICE PELIGROSIDAD
Torrechiva	1	0,333
Torrella	1	0,333
Torremanzanas/la Torre de les Maçanes	1	0,333
Torrent	1	0,333
Torres Torres	1	0,333
Torrevieja	2	0,667
Tous	2	0,667
Traiguera	1	0,333
Tuéjar	1	0,333
Turís	1	0,333
Useras/les Useres	1	0,333
Utiel	1	0,333
València	2	0,667
Vall d'Alba	1	0,333
Vall de Almonacid	1	0,333
Vallada	1	0,333
Vallat	1	0,333
Vallés	1	0,333
Vallibona	1	0,333
Venta del Moro	1	0,333
Vila-real	1	0,333
Vilafamés	1	0,333
Vilafranca/Villafranca del Cid	1	0,333
Vilallonga/Villalonga	1	0,333
Vilamarxant	1	0,333
Vilanova d'Alcolea	1	0,333
Vilar de Canes	1	0,333
Villahermosa del Río	1	0,333
Villajoyosa/la Vila Joiosa	3	1
Villamalur	1	0,333
Villanueva de Viver	1	0,333
Villar del Arzobispo	1	0,333
Villargordo del Cabriel	2	0,667

MUNICIPIO	VALOR PELIGROSIDAD	ÍNDICE PELIGROSIDAD
Villena	1	0,333
Villores	1	0,333
Vinalesa	1	0,333
Vinaròs	2	0,667
Vistabella del Maestrat	1	0,333
Viver	1	0,333
Xaló	1	0,333
Xàtiva	1	0,333
Xeraco	2	0,667
Xeresa	1	0,333
Xert	1	0,333
Yátova	2	0,667
Zarra	1	0,333
Zorita del Maestrazgo	1	0,333
Zucaina	1	0,333

MUNICIPIO	VALOR EXP+VUL	INDICE EXP+VUL
Ador	2	0,25
Agost	3	0,375
Agres	4	0,5
Agullent	4	0,5
Aielo de Malferit	4	0,5
Aielo de Rugat	4	0,5
Aigües	4	0,5
Aín	4	0,5
Alaquàs	6	0,75
Albaida	4	0,5
Albal	4	0,5
Albalat de la Ribera	4	0,5
Albalat dels Sorells	4	0,5
Albalat dels Tarongers	4	0,5
Albatera	5	0,625
Alberic	4	0,5
Albocàsser	5	0,625
Alborache	4	0,5
Alboraia/Alboraya	4	0,5
Albuixech	4	0,5
Alcalà de Xivert	6	0,75
Alcalalí	4	0,5
Alcàntera de Xúquer	4	0,5
Alcàsser	4	0,5
Alcocer de Planes	4	0,5
Alcoleja	4	0,5
Alcoy/Alcoi	11	1,375
Alcublas	4	0,5
Alcudia de Veo	4	0,5
Aldaia	6	0,75
Alfafar	4	0,5
Alfafara	4	0,5
Alfara de la Baronia	4	0,5
Alfara del Patriarca	4	0,5
Alfarp	4	0,5
Alfarrasí	4	0,5

MUNICIPIO	VALOR EXP+VUL	INDICE EXP+VUL
Alfauir	4	0,5
Alfondeguilla	4	0,5
Algar de Palancia	4	0,5
Algemesí	6	0,75
Algímia d'Alfara	4	0,5
Algimia de Almonacid	4	0,5
Alginet	4	0,5
Algorfa	4	0,5
Algueña	4	0,5
Alicante/Alacant	15	1,875
Almàssera	4	0,5
Almassora	7	0,875
Almedíjar	4	0,5
Almenara	4	0,5
Almiserà	4	0,5
Almoines	4	0,5
Almoradí	4	0,5
Almudaina	4	0,5
Almussafes	4	0,5
Alpuente	6	0,75
Altea	5	0,625
Altura	6	0,75
Alzira	8	1
Andilla	6	0,75
Anna	4	0,5
Antella	4	0,5
Arañuel	4	0,5
Aras de los Olmos	5	0,625
Ares del Maestrat	6	0,75
Argelita	4	0,5
Artana	4	0,5
Aspe	5	0,625
Atzeneta d'Albaida	4	0,5
Atzeneta del Maestrat	5	0,625
Ayódar	4	0,5
Ayora	6	0,75

MUNICIPIO	VALOR EXP+VUL	INDICE EXP+VUL
Azuébar	4	0,5
Balones	4	0,5
Banyeres de Mariola	5	0,625
Barracas	4	0,5
Barx	4	0,5
Barxeta	4	0,5
Bejís	4	0,5
Bèlgida	4	0,5
Bellreguard	4	0,5
Bellús	4	0,5
Benafer	4	0,5
Benafigos	4	0,5
Benagéber	5	0,625
Benaguasil	4	0,5
Benasau	4	0,5
Benassal	5	0,625
Benavites	4	0,5
Beneixama	4	0,5
Beneixida	4	0,5
Benejúzar	4	0,5
Benetússer	4	0,5
Benferri	4	0,5
Beniarbeig	4	0,5
Beniardá	4	0,5
Beniarjó	4	0,5
Beniarrés	4	0,5
Beniatjar	4	0,5
Benicarló	6	0,75
Benicasim/Benicàssim	5	0,625
Benicolet	4	0,5
Benicull de Xúquer	4	0,5
Benidoleig	4	0,5
Benidorm	9	1,125
Benifaió	4	0,5
Benifairó de la Valldigna	4	0,5
Benifairó de les Valls	4	0,5

MUNICIPIO	VALOR EXP+VUL	INDICE EXP+VUL
Benifallim	4	0,5
Benifato	4	0,5
Beniflá	4	0,5
Benigànim	4	0,5
Benigembla	4	0,5
Benijófar	4	0,5
Benilloba	4	0,5
Benillup	4	0,5
Benimantell	4	0,5
Benimarfull	4	0,5
Benimassot	4	0,5
Benimeli	4	0,5
Benimodo	4	0,5
Benimuslem	4	0,5
Beniparrell	4	0,5
Benirredrà	4	0,5
Benissa	6	0,75
Benissanó	4	0,5
Benissoda	4	0,5
Benissuera	4	0,5
Benitachell/el Poble Nou de Benitatxell	4	0,5
Benlloc	4	0,5
Bétera	7	0,875
Betxí	4	0,5
Biar	5	0,625
Bicorp	6	0,75
Bigastro	4	0,5
Bocairent	5	0,625
Bolbaite	4	0,5
Bolulla	4	0,5
Bonrepòs i Mirambell	4	0,5
Borriana/Burriana	6	0,75
Borriol	5	0,625
Bufali	4	0,5
Bugarra	4	0,5
Buñol	6	0,75

MUNICIPIO	VALOR EXP+VUL	INDICE EXP+VUL
Burjassot	6	0,75
Busot	4	0,5
Cabanes	7	0,875
Càlig	4	0,5
Calles	5	0,625
Callosa d'en Sarrià	4	0,5
Callosa de Segura	4	0,5
Calp	5	0,625
Campo de Mirra/el Camp de Mirra	4	0,5
Camporrobles	5	0,625
Canals	4	0,5
Canet d'En Berenguer	4	0,5
Canet lo Roig	5	0,625
Cañada	4	0,5
Carcaixent	5	0,625
Càrcer	4	0,5
Carlet	4	0,5
Carrícola	4	0,5
Casinos	4	0,5
Castalla	6	0,75
Castell de Cabres	4	0,5
Castell de Castells	4	0,5
Castellfort	5	0,625
Castellnovo	4	0,5
Castelló	4	0,5
Castelló de la Plana	10	1,25
Castelló de Rugat	4	0,5
Castellonet de la Conquesta	4	0,5
Castillo de Villamalefa	4	0,5
Catadau	4	0,5
Catarroja	6	0,75
Catí	6	0,75
Catral	4	0,5
Caudete de las Fuentes	4	0,5
Caudiel	5	0,625
Cerdà	4	0,5

MUNICIPIO	VALOR EXP+VUL	INDICE EXP+VUL
Cervera del Maestre	5	0,625
Chella	4	0,5
Chelva	6	0,75
Chera	4	0,5
Cheste	5	0,625
Chilches/Xilxes	4	0,5
Chiva	7	0,875
Chodos/Xodos	4	0,5
Chóvar	4	0,5
Chulilla	5	0,625
Cinctorres	4	0,5
Cirat	4	0,5
Cocentaina	5	0,625
Cofrentes	6	0,75
Confrides	4	0,5
Corbera	4	0,5
Cortes de Arenoso	5	0,625
Cortes de Pallás	6	0,75
Costur	4	0,5
Cotes	4	0,5
Cox	4	0,5
Crevillent	8	1
Culla	6	0,75
Cullera	5	0,625
Daimús	4	0,5
Daya Nueva	4	0,5
Daya Vieja	4	0,5
Dénia	7	0,875
Dolores	4	0,5
Domeño	5	0,625
Dos Aguas	6	0,75
el Campello	8	1
el Castell de Guadalest	4	0,5
el Fondó de les Neus/Hondón de las Nieves	5	0,625
el Genovés	4	0,5

MUNICIPIO	VALOR EXP+VUL	INDICE EXP+VUL
el Palomar	4	0,5
el Pinós/Pinoso	6	0,75
el Puig de Santa Maria	4	0,5
el Ràfol d'Almúnia	4	0,5
el Real de Gandia	4	0,5
El Toro	6	0,75
el Verger	4	0,5
Elche/Elx	12	1,5
Elda	8	1
els Poblets	5	0,625
Emperador	4	0,5
Enguera	6	0,75
Eslida	4	0,5
Espadilla	4	0,5
Estivella	4	0,5
Estubeny	4	0,5
Fageca	4	0,5
Famorca	4	0,5
Fanzara	4	0,5
Faura	4	0,5
Favara	4	0,5
Figueroles	4	0,5
Finestrat	4	0,5
Foios	4	0,5
Fontanars dels Alforins	5	0,625
Forcall	4	0,5
Formentera del Segura	4	0,5
Fortaleny	4	0,5
Fuente la Reina	4	0,5
Fuenterrobles	4	0,5
Fuentes de Ayódar	4	0,5
Gaianes	4	0,5
Gaibiel	4	0,5
Gandia	10	1,25
Gata de Gorgos	4	0,5
Gátova	4	0,5

MUNICIPIO	VALOR EXP+VUL	INDICE EXP+VUL
Gavarda	4	0,5
Geldo	4	0,5
Gestalgar	5	0,625
Gilet	4	0,5
Godella	4	0,5
Godelleta	4	0,5
Gorga	4	0,5
Granja de Rocamora	4	0,5
Guadasséquies	4	0,5
Guadassuar	4	0,5
Guardamar de la Safor	4	0,5
Guardamar del Segura	4	0,5
Herbers	4	0,5
Higueras	4	0,5
Higueruelas	4	0,5
Hondón de los Frailes	4	0,5
Ibi	5	0,625
Jacarilla	4	0,5
Jalance	5	0,625
Jarafuel	6	0,75
Jávea/Xàbia	8	1
Jérica	5	0,625
Jijona/Xixona	6	0,75
l'Alcora	5	0,625
l'Alcúdia	4	0,5
l'Alcúdia de Crespins	4	0,5
l'Alfàs del Pi	4	0,5
l'Alqueria d'Asnar	4	0,5
l'Alqueria de la Comtessa	4	0,5
l'Atzúbia	4	0,5
l'Eliana	4	0,5
l'Énova	4	0,5
l'Olleria	4	0,5
la Font d'en Carròs	4	0,5
la Font de la Figuera	5	0,625
la Granja de la Costera	4	0,5

MUNICIPIO	VALOR EXP+VUL	INDICE EXP+VUL
La Iglesuela del Cid	1	0,125
la Jana	4	0,5
la Llosa	4	0,5
la Llosa de Ranes	4	0,5
la Mata de Morella	4	0,5
la Nucia	4	0,5
la Pobla de Benifassà	6	0,75
la Pobla de Farnals	4	0,5
la Pobla de Vallbona	6	0,75
la Pobla del Duc	4	0,5
la Pobla Llarga	4	0,5
la Pobla Tornesa	4	0,5
la Romana	4	0,5
la Salzadella	4	0,5
la Serratella	4	0,5
la Torre d'En Besora	4	0,5
la Torre d'en Doménec	4	0,5
la Vall d'Alcalà	4	0,5
la Vall d'Ebo	4	0,5
la Vall d'Uixó	7	0,875
la Vall de Gallinera	5	0,625
la Vall de Laguar	4	0,5
la Vilavella	4	0,5
La Yesa	5	0,625
les Alqueries/Alquerías del Niño Perdido	4	0,5
les Coves de Vinromà	6	0,75
Llanera de Ranes	4	0,5
Llaurí	4	0,5
Llíber	4	0,5
Llíria	6	0,75
Llocnou d'En Fenollet	5	0,625
Llocnou de la Corona	4	0,5
Llocnou de Sant Jeroni	4	0,5
Llombai	5	0,625
Llucena/Lucena del Cid	6	0,75

MUNICIPIO	VALOR EXP+VUL	INDICE EXP+VUL
Llutxent	4	0,5
Lorcha/l'Orxa	4	0,5
Loriguilla	5	0,625
Los Montesinos	4	0,5
Losa del Obispo	4	0,5
Ludiente	4	0,5
Macastre	4	0,5
Manises	6	0,75
Manuel	4	0,5
Marines	4	0,5
Massalavés	4	0,5
Massalfassar	4	0,5
Massamagrell	4	0,5
Massanassa	4	0,5
Matet	4	0,5
Meliana	4	0,5
Millares	6	0,75
Millena	4	0,5
Miramar	4	0,5
Mislata	6	0,75
Mogente/Moixent	6	0,75
Moncada	4	0,5
Moncofa	4	0,5
Monforte del Cid	5	0,625
Monóvar/Monòver	7	0,875
Montán	4	0,5
Montanejos	4	0,5
Montaverner	4	0,5
Montesa	4	0,5
Montitxelvo/Montichelvo	4	0,5
Montroi/Montroy	4	0,5
Montserrat	4	0,5
Morella	6	0,75
Murla	4	0,5
Muro de Alcoy	4	0,5
Museros	4	0,5

MUNICIPIO	VALOR EXP+VUL	INDICE EXP+VUL
Mutxamel	5	0,625
Nàquera/Náquera	4	0,5
Navajas	4	0,5
Navarrés	4	0,5
Novelda	7	0,875
Novelé/Novetlè	4	0,5
Nules	5	0,625
Oliva	7	0,875
Olocau	4	0,5
Olocau del Rey	4	0,5
Onda	7	0,875
Ondara	4	0,5
Onil	4	0,5
Ontinyent	8	1
Orba	4	0,5
Orihuela	11	1,375
Oropesa del Mar/Orpesa	4	0,5
Orxeta	4	0,5
Otos	4	0,5
Paiporta	5	0,625
Palanques	4	0,5
Palma de Gandía	4	0,5
Palmera	4	0,5
Parcent	4	0,5
Paterna	9	1,125
Pavías	4	0,5
Pedralba	5	0,625
Pedreguer	4	0,5
Pego	5	0,625
Penàguila	4	0,5
Peníscola/Peñíscola	5	0,625
Petrer	8	1
Petrés	4	0,5
Picanya	4	0,5
Picassent	5	0,625
Pilar de la Horadada	5	0,625

MUNICIPIO	VALOR EXP+VUL	INDICE EXP+VUL
Piles	4	0,5
Pina de Montalgrao	4	0,5
Pinet	4	0,5
Planes	4	0,5
Polinyà de Xúquer	4	0,5
Polop	4	0,5
Portell de Morella	4	0,5
Potries	4	0,5
Puçol	4	0,5
Puebla de Arenoso	4	0,5
Quart de les Valls	4	0,5
Quart de Poblet	6	0,75
Quartell	4	0,5
Quatretonda	4	0,5
Quatretondeta	4	0,5
Quesa	5	0,625
Rafal	4	0,5
Rafelbunyol	4	0,5
Rafelcofer	4	0,5
Rafelguaraf	4	0,5
Ráfol de Salem	4	0,5
Real	4	0,5
Redován	4	0,5
Relleu	5	0,625
Requena	7	0,875
Riba-roja de Túria	5	0,625
Ribesalbes	4	0,5
Riola	4	0,5
Rocafort	4	0,5
Rojales	4	0,5
Rossell	5	0,625
Rotglà i Corberà	4	0,5
Ròtova	4	0,5
Rugat	4	0,5
Sacañet	4	0,5
Sagra	4	0,5

MUNICIPIO	VALOR EXP+VUL	INDICE EXP+VUL
Sagunto/Sagunt	11	1,375
Salem	4	0,5
Salinas	5	0,625
San Antonio de Benagéber	4	0,5
San Fulgencio	4	0,5
San Isidro	4	0,5
San Miguel de Salinas	5	0,625
San Rafael del Río	4	0,5
San Vicente del Raspeig/Sant Vicent del Raspeig	9	1,125
Sanet y Negrals	4	0,5
Sant Joan d'Alacant	4	0,5
Sant Joan de Moró	4	0,5
Sant Joanet	4	0,5
Sant Jordi/San Jorge	4	0,5
Sant Mateu	5	0,625
Santa Magdalena de Pulpis	5	0,625
Santa Pola	7	0,875
Sax	5	0,625
Sedaví	4	0,5
Segart	4	0,5
Segorbe	6	0,75
Sella	4	0,5
Sellent	4	0,5
Sempere	4	0,5
Senija	4	0,5
Senyera	4	0,5
Serra	5	0,625
Sierra Engarcerán	5	0,625
Siete Aguas	6	0,75
Silla	4	0,5
Simat de la Valldigna	4	0,5
Sinarcas	6	0,75
Sollana	4	0,5
Soneja	4	0,5
Sot de Chera	4	0,5

MUNICIPIO	VALOR EXP+VUL	INDICE EXP+VUL
Sot de Ferrer	4	0,5
Sueca	7	0,875
Sueras/Suera	4	0,5
Sumacàrcer	4	0,5
Tales	4	0,5
Tàrbena	4	0,5
Tavernes Blanques	4	0,5
Tavernes de la Valldigna	4	0,5
Teresa	4	0,5
Teresa de Cofrentes	6	0,75
Terrateig	4	0,5
Teulada	4	0,5
Tibi	5	0,625
Tírig	4	0,5
Titaguas	5	0,625
Todolella	4	0,5
Toga	4	0,5
Tollos	4	0,5
Torás	4	0,5
Tormos	4	0,5
Torralba del Pinar	4	0,5
Torreblanca	4	0,5
Torrechiva	4	0,5
Torrella	4	0,5
Torremanzanas/la Torre de les Maçanes	4	0,5
Torrent	10	1,25
Torres Torres	4	0,5
Torrevieja	10	1,25
Tous	6	0,75
Traiguera	5	0,625
Tuéjar	6	0,75
Turís	5	0,625
Useras/les Useres	5	0,625
Utiel	6	0,75
València	15	1,875
Vall d'Alba	5	0,625

MUNICIPIO	VALOR EXP+VUL	INDICE EXP+VUL
Vall de Almonacid	4	0,5
Vallada	5	0,625
Vallat	4	0,5
Vallés	4	0,5
Vallibona	5	0,625
Venta del Moro	6	0,75
Vila-real	9	1,125
Vilafamés	5	0,625
Vilafranca/Villafranca del Cid	5	0,625
Vilallonga/Villalonga	4	0,5
Vilamarxant	5	0,625
Vilanova d'Alcolea	5	0,625
Vilar de Canes	4	0,5
Villahermosa del Río	6	0,75
Villajoyosa/la Vila Joiosa	7	0,875
Villamalur	4	0,5
Villanueva de Viver	4	0,5
Villar del Arzobispo	4	0,5
Villargordo del Cabriel	5	0,625
Villena	8	1
Villores	4	0,5
Vinalesa	4	0,5
Vinaròs	7	0,875
Vistabella del Maestrat	6	0,75
Viver	4	0,5
Xaló	4	0,5
Xàtiva	7	0,875
Xeraco	4	0,5
Xeresa	4	0,5
Xert	5	0,625
Xirivella	6	0,75
Yátova	6	0,75
Zarra	4	0,5
Zorita del Maestrazgo	5	0,625
Zucaina	5	0,625

ANÁLISIS DEL RIESGO				
MUNICIPIO	TABLA EXPOSICIÓN		TABLA PELIGROSIDAD	
	VALOR EXPOS.	ÍNDICE EXPOS.	VALOR PELIGROS.	ÍNDICE PELIGROS.
l'Atzúbia	2	0,25	1	0,3333333333
Agost	3	0,375	1	0,3333333333
Agres	2	0,25	1	0,3333333333
Aigües	2	0,25	1	0,3333333333
Albatera	3	0,375	1	0,3333333333
Alcalalí	2	0,25	1	0,3333333333
Alcocer de Planes	2	0,25	1	0,3333333333
Alcoleja	2	0,25	1	0,3333333333
Alcoy/Alcoi	5	0,625	1	0,3333333333
Alfafara	2	0,25	1	0,3333333333
l'Alfàs del Pi	2	0,25	2	0,6666666667
Algorfa	2	0,25	1	0,3333333333
Algueña	2	0,25	1	0,3333333333
Alicante/Alacant	7	0,875	2	0,6666666667
Almoradí	2	0,25	1	0,3333333333
Almudaina	2	0,25	1	0,3333333333
l'Alqueria d'Asnar	2	0,25	1	0,3333333333
Altea	3	0,375	2	0,6666666667
Aspe	3	0,375	1	0,3333333333
Balones	2	0,25	1	0,3333333333
Banyeres de Mariola	3	0,375	1	0,3333333333
Benasau	2	0,25	1	0,3333333333
Beneixama	2	0,25	1	0,3333333333
Benejúzar	2	0,25	1	0,3333333333
Benferri	2	0,25	1	0,3333333333
Beniarbeig	2	0,25	1	0,3333333333
Beniardá	2	0,25	1	0,3333333333
Beniarrés	2	0,25	2	0,6666666667
Benigembla	2	0,25	1	0,3333333333
Benidoleig	2	0,25	1	0,3333333333

ANÁLISIS DEL RIESGO				
MUNICIPIO	TABLA EXPOSICIÓN		TABLA PELIGROSIDAD	
	VALOR EXPOS.	ÍNDICE EXPOS.	VALOR PELIGROS.	ÍNDICE PELIGROS.
Benidorm	3	0,375	2	0,6666666667
Benifallim	2	0,25	1	0,3333333333
Benifato	2	0,25	1	0,3333333333
Benijófar	2	0,25	1	0,3333333333
Benilloba	2	0,25	1	0,3333333333
Benillup	2	0,25	1	0,3333333333
Benimantell	2	0,25	2	0,6666666667
Benimarfull	2	0,25	1	0,3333333333
Benimassot	2	0,25	1	0,3333333333
Benimeli	2	0,25	1	0,3333333333
Benissa	4	0,5	2	0,6666666667
Benitachell/el Poble Nou de Benitatxell	2	0,25	2	0,6666666667
Biar	3	0,375	1	0,3333333333
Bigastro	2	0,25		
Bolulla	2	0,25	1	0,3333333333
Busot	2	0,25	1	0,3333333333
Calp	3	0,375	2	0,6666666667
Callosa d'en Sarrià	2	0,25	1	0,3333333333
Callosa de Segura	2	0,25	1	0,3333333333
el Campello	4	0,5	2	0,6666666667
Campo de Mirra/el Camp de Mirra	2	0,25	1	0,3333333333
Cañada	2	0,25	1	0,3333333333
Castalla	4	0,5	1	0,3333333333
Castell de Castells	2	0,25	1	0,3333333333
Catral	2	0,25	1	0,3333333333
Cocentaina	3	0,375	1	0,3333333333
Confrides	2	0,25	1	0,3333333333
Cox	2	0,25	1	0,3333333333

ANÁLISIS DEL RIESGO				
MUNICIPIO	TABLA EXPOSICIÓN		TABLA PELIGROSIDAD	
	VALOR EXPOS.	ÍNDICE EXPOS.	VALOR PELIGROS.	ÍNDICE PELIGROS.
Crevillent	4	0,5	2	0,6666666667
Quatretondeta	2	0,25	1	0,3333333333
Daya Nueva	2	0,25		
Daya Vieja	2	0,25		
Dénia	3	0,375	2	0,6666666667
Dolores	2	0,25	1	0,3333333333
Elche/Elx	4	0,5	3	1
Elda	2	0,25	2	0,6666666667
Fageca	2	0,25	1	0,3333333333
Famorca	2	0,25	1	0,3333333333
Finestrat	2	0,25	2	0,6666666667
Formentera del Segura	2	0,25		
Gata de Gorgos	2	0,25	1	0,3333333333
Gaianes	2	0,25	1	0,3333333333
Gorga	2	0,25	1	0,3333333333
Granja de Rocamora	2	0,25	1	0,3333333333
el Castell de Guadalest	2	0,25	1	0,3333333333
Guardamar del Segura	2	0,25	2	0,6666666667
el Fondó de les Neus/Hondón de las Nieves	3	0,375	1	0,3333333333
Hondón de los Frailes	2	0,25		
Ibi	3	0,375	1	0,3333333333
Jacarilla	2	0,25	1	0,3333333333
Xaló	2	0,25	1	0,3333333333
Jávea/Xàbia	4	0,5	2	0,6666666667
Jijona/Xixona	4	0,5	1	0,3333333333
Lorcha/l'Orxa	2	0,25	1	0,3333333333
Llíber	2	0,25	1	0,3333333333
Millena	2	0,25	1	0,3333333333

ANÁLISIS DEL RIESGO				
MUNICIPIO	TABLA EXPOSICIÓN		TABLA PELIGROSIDAD	
	VALOR EXPOS.	ÍNDICE EXPOS.	VALOR PELIGROS.	ÍNDICE PELIGROS.
Monforte del Cid	3	0,375	1	0,3333333333
Monóvar/Monòver	5	0,625	1	0,3333333333
Mutxamel	2	0,25	1	0,3333333333
Murla	2	0,25	1	0,3333333333
Muro de Alcoy	2	0,25	1	0,3333333333
Novelda	3	0,375	1	0,3333333333
la Nucia	2	0,25	1	0,3333333333
Ondara	2	0,25	1	0,3333333333
Onil	2	0,25	1	0,3333333333
Orba	2	0,25	1	0,3333333333
Orxeta	2	0,25	1	0,3333333333
Orihuela	5	0,625	3	1
Parcent	2	0,25	1	0,3333333333
Pedreguer	2	0,25	1	0,3333333333
Pego	3	0,375	1	0,3333333333
Penàguila	2	0,25	1	0,3333333333
Petrer	4	0,5	1	0,3333333333
el Pinós/Pinoso	4	0,5	1	0,3333333333
Planes	2	0,25	1	0,3333333333
Polop	2	0,25	1	0,3333333333
Rafal	2	0,25		
el Ràfol d'Almúnia	2	0,25	1	0,3333333333
Redován	2	0,25	1	0,3333333333
Relleu	3	0,375	1	0,3333333333
Rojales	2	0,25	1	0,3333333333
la Romana	2	0,25	1	0,3333333333
Sagra	2	0,25	1	0,3333333333
Salinas	3	0,375	1	0,3333333333
Sanet y Negrals	2	0,25	1	0,3333333333

ANÁLISIS DEL RIESGO				
MUNICIPIO	TABLA EXPOSICIÓN		TABLA PELIGROSIDAD	
	VALOR EXPOS.	ÍNDICE EXPOS.	VALOR PELIGROS.	ÍNDICE PELIGROS.
San Fulgencio	2	0,25	1	0,3333333333
Sant Joan d'Alacant	2	0,25		
San Miguel de Salinas	3	0,375	1	0,3333333333
Santa Pola	3	0,375	2	0,6666666667
San Vicente del Raspeig/Sant Vicent del Raspeig	3	0,375	1	0,3333333333
Sax	3	0,375	1	0,3333333333
Sella	2	0,25	1	0,3333333333
Senija	2	0,25	1	0,3333333333
Tàrbena	2	0,25	1	0,3333333333
Teulada	2	0,25	2	0,6666666667
Tibi	3	0,375	2	0,6666666667
Tollos	2	0,25	1	0,3333333333
Tormos	2	0,25	1	0,3333333333
Torremanzanas/la Torre de les Maçanes	2	0,25	1	0,3333333333
Torrevieja	4	0,5	2	0,6666666667
la Vall d'Alcalà	2	0,25	1	0,3333333333
la Vall d'Ebo	2	0,25	1	0,3333333333
la Vall de Gallinera	3	0,375	1	0,3333333333
la Vall de Laguar	2	0,25	2	0,6666666667
el Verger	2	0,25	1	0,3333333333
Villajoyosa/la Vila Joiosa	3	0,375	3	1
Villena	4	0,5	1	0,3333333333
els Poblets	3	0,375		
Pilar de la Horadada	3	0,375	2	0,6666666667
Los Montesinos	2	0,25	1	0,3333333333
San Isidro	2	0,25	1	0,3333333333
Atzeneta del Maestrat	3	0,375	1	0,3333333333

ANÁLISIS DEL RIESGO				
MUNICIPIO	TABLA EXPOSICIÓN		TABLA PELIGROSIDAD	
	VALOR EXPOS.	ÍNDICE EXPOS.	VALOR PELIGROS.	ÍNDICE PELIGROS.
Aín	2	0,25	1	0,3333333333
Albocàsser	3	0,375	1	0,3333333333
Alcalà de Xivert	4	0,5	2	0,6666666667
l'Alcora	3	0,375	2	0,6666666667
Alcudia de Veo	2	0,25	2	0,6666666667
Alfondeguilla	2	0,25	1	0,3333333333
Algimia de Almonacid	2	0,25	1	0,3333333333
Almassora	3	0,375	2	0,6666666667
Almedíjar	2	0,25	1	0,3333333333
Almenara	2	0,25	2	0,6666666667
Altura	4	0,5	1	0,3333333333
Arañuel	2	0,25	1	0,3333333333
Ares del Maestrat	4	0,5	1	0,3333333333
Argelita	2	0,25	1	0,3333333333
Artana	2	0,25	1	0,3333333333
Ayódar	2	0,25	1	0,3333333333
Azuébar	2	0,25	1	0,3333333333
Barracas	2	0,25	1	0,3333333333
Betxí	2	0,25	1	0,3333333333
Bejís	2	0,25	1	0,3333333333
Benafer	2	0,25	1	0,3333333333
Benafigos	2	0,25	1	0,3333333333
Benassal	3	0,375	1	0,3333333333
Benicarló	2	0,25	2	0,6666666667
Benicasim/Benicàssim	3	0,375	2	0,6666666667
Benlloc	2	0,25	1	0,3333333333
Borriol	3	0,375	1	0,3333333333
Borriana/Burriana	2	0,25	2	0,6666666667
Cabanes	5	0,625	2	0,6666666667
Càlig	2	0,25	1	0,3333333333

ANÁLISIS DEL RIESGO				
MUNICIPIO	TABLA EXPOSICIÓN		TABLA PELIGROSIDAD	
	VALOR EXPOS.	ÍNDICE EXPOS.	VALOR PELIGROS.	ÍNDICE PELIGROS.
Canet lo Roig	3	0,375	1	0,3333333333
Castell de Cabres	2	0,25	1	0,3333333333
Castellfort	3	0,375	1	0,3333333333
Castellnovo	2	0,25	1	0,3333333333
Castelló de la Plana	4	0,5	2	0,6666666667
Castillo de Villamalefa	2	0,25	1	0,3333333333
Catí	4	0,5	1	0,3333333333
Caudiel	3	0,375	1	0,3333333333
Cervera del Maestre	3	0,375	1	0,3333333333
Cinctorres	2	0,25	1	0,3333333333
Cirat	2	0,25	2	0,6666666667
Cortes de Arenoso	3	0,375	1	0,3333333333
Costur	2	0,25	1	0,3333333333
les Coves de Vinromà	4	0,5	1	0,3333333333
Culla	4	0,5	1	0,3333333333
Xert	3	0,375	1	0,3333333333
Chilches/Xilxes	2	0,25	2	0,6666666667
Chodos/Xodos	2	0,25	1	0,3333333333
Chóvar	2	0,25	1	0,3333333333
Eslida	2	0,25	1	0,3333333333
Espadilla	2	0,25	1	0,3333333333
Fanzara	2	0,25	2	0,6666666667
Figueroles	2	0,25	1	0,3333333333
Forcall	2	0,25	1	0,3333333333
Fuente la Reina	2	0,25	1	0,3333333333
Fuentes de Ayódar	2	0,25	1	0,3333333333
Gaibiel	2	0,25	1	0,3333333333
Geldo	2	0,25	1	0,3333333333
Herbers	2	0,25	1	0,3333333333
Higueras	2	0,25	1	0,3333333333

ANÁLISIS DEL RIESGO				
MUNICIPIO	TABLA EXPOSICIÓN		TABLA PELIGROSIDAD	
	VALOR EXPOS.	ÍNDICE EXPOS.	VALOR PELIGROS.	ÍNDICE PELIGROS.
la Jana	2	0,25	1	0,3333333333
Jérica	3	0,375	2	0,6666666667
Llucena/Lucena del Cid	4	0,5	1	0,3333333333
Ludiente	2	0,25	1	0,3333333333
la Llosa	2	0,25	2	0,6666666667
la Mata de Morella	2	0,25	1	0,3333333333
Matet	2	0,25	1	0,3333333333
Moncofa	2	0,25	2	0,6666666667
Montán	2	0,25	1	0,3333333333
Montanejos	2	0,25	2	0,6666666667
Morella	4	0,5	1	0,3333333333
Navajas	2	0,25	1	0,3333333333
Nules	3	0,375	2	0,6666666667
Olocau del Rey	2	0,25	1	0,3333333333
Onda	4	0,5	2	0,6666666667
Oropesa del Mar/Orpesa	2	0,25	2	0,6666666667
Palanques	2	0,25	1	0,3333333333
Pavías	2	0,25	1	0,3333333333
Peníscola/Peñíscola	3	0,375	2	0,6666666667
Pina de Montalgrao	2	0,25	1	0,3333333333
Portell de Morella	2	0,25	1	0,3333333333
Puebla de Arenoso	2	0,25	1	0,3333333333
la Pobla de Benifassà	4	0,5	2	0,6666666667
la Pobla Tornesa	2	0,25	1	0,3333333333
Ribesalbes	2	0,25	1	0,3333333333
Rossell	3	0,375	1	0,3333333333
Sacañet	2	0,25	1	0,3333333333
la Salzadella	2	0,25	1	0,3333333333
Sant Jordi/San Jorge	2	0,25	1	0,3333333333
Sant Mateu	3	0,375	1	0,3333333333

ANÁLISIS DEL RIESGO				
MUNICIPIO	TABLA EXPOSICIÓN		TABLA PELIGROSIDAD	
	VALOR EXPOS.	ÍNDICE EXPOS.	VALOR PELIGROS.	ÍNDICE PELIGROS.
San Rafael del Río	2	0,25		
Santa Magdalena de Pulpis	3	0,375	1	0,3333333333
la Serratella	2	0,25	1	0,3333333333
Segorbe	4	0,5	1	0,3333333333
Sierra Engarcerán	3	0,375	1	0,3333333333
Soneja	2	0,25	1	0,3333333333
Sot de Ferrer	2	0,25	1	0,3333333333
Sueras/Suera	2	0,25	1	0,3333333333
Tales	2	0,25	1	0,3333333333
Teresa	2	0,25	1	0,3333333333
Tírig	2	0,25	1	0,3333333333
Todolella	2	0,25	1	0,3333333333
Toga	2	0,25	1	0,3333333333
Torás	2	0,25	1	0,3333333333
El Toro	4	0,5	1	0,3333333333
Torralba del Pinar	2	0,25	1	0,3333333333
Torreblanca	2	0,25	2	0,6666666667
Torrechiva	2	0,25	1	0,3333333333
la Torre d'En Besora	2	0,25	1	0,3333333333
la Torre d'en Doménec	2	0,25	1	0,3333333333
Traiguera	3	0,375	1	0,3333333333
Useras/les Useres	3	0,375	1	0,3333333333
Vallat	2	0,25	1	0,3333333333
Vall d'Alba	3	0,375	1	0,3333333333
Vall de Almonacid	2	0,25	1	0,3333333333
la Vall d'Uixó	3	0,375	1	0,3333333333
Vallibona	3	0,375	1	0,3333333333
Vilafamés	3	0,375	1	0,3333333333
Vilafranca/Villafranca del Cid	3	0,375	1	0,3333333333
Villahermosa del Río	4	0,5	1	0,3333333333

ANÁLISIS DEL RIESGO				
MUNICIPIO	TABLA EXPOSICIÓN		TABLA PELIGROSIDAD	
	VALOR EXPOS.	ÍNDICE EXPOS.	VALOR PELIGROS.	ÍNDICE PELIGROS.
Villamalur	2	0,25	1	0,3333333333
Vilanova d'Alcolea	3	0,375	1	0,3333333333
Villanueva de Viver	2	0,25	1	0,3333333333
Vilar de Canes	2	0,25	1	0,3333333333
Vila-real	3	0,375	1	0,3333333333
la Vilavella	2	0,25	1	0,3333333333
Villores	2	0,25	1	0,3333333333
Vinaròs	3	0,375	2	0,6666666667
Vistabella del Maestrat	4	0,5	1	0,3333333333
Viver	2	0,25	1	0,3333333333
Zorita del Maestrazgo	3	0,375	1	0,3333333333
Zucaina	3	0,375	1	0,3333333333
les Alqueries/Alquerías del Niño Perdido	2	0,25	1	0,3333333333
Sant Joan de Moró	2	0,25	1	0,3333333333
Ador	2	0,25	1	0,3333333333
Atzeneta d'Albaida	2	0,25	1	0,3333333333
Agullent	2	0,25	1	0,3333333333
Alaquàs	2	0,25		
Albaida	2	0,25	1	0,3333333333
Albal	2	0,25		
Albalat de la Ribera	2	0,25	1	0,3333333333
Albalat dels Sorells	2	0,25	1	0,3333333333
Albalat dels Tarongers	2	0,25	1	0,3333333333
Alberic	2	0,25	1	0,3333333333
Alborache	2	0,25	1	0,3333333333
Alboraia/Alboraya	2	0,25	1	0,3333333333
Albuixech	2	0,25	1	0,3333333333
Alcàsser	2	0,25		
Alcàntera de Xúquer	2	0,25	1	0,3333333333

ANÁLISIS DEL RIESGO				
MUNICIPIO	TABLA EXPOSICIÓN		TABLA PELIGROSIDAD	
	VALOR EXPOS.	ÍNDICE EXPOS.	VALOR PELIGROS.	ÍNDICE PELIGROS.
Alzira	4	0,5	1	0,3333333333
Alcublas	2	0,25	1	0,3333333333
l'Alcúdia	2	0,25	1	0,3333333333
l'Alcúdia de Crespins	2	0,25	1	0,3333333333
Aldaia	2	0,25	1	0,3333333333
Alfafar	2	0,25		
Alfauir	2	0,25	1	0,3333333333
Alfara de la Baronia	2	0,25	1	0,3333333333
Alfara del Patriarca	2	0,25	1	0,3333333333
Alfarp	2	0,25	1	0,3333333333
Alfarrasí	2	0,25	1	0,3333333333
Algar de Palancia	2	0,25	2	0,6666666667
Algemesí	2	0,25	1	0,3333333333
Algímia d'Alfara	2	0,25	1	0,3333333333
Alginet	2	0,25	1	0,3333333333
Almàssera	2	0,25		
Almiserà	2	0,25	1	0,3333333333
Almoines	2	0,25	1	0,3333333333
Almussafes	2	0,25		
Alpuente	4	0,5	1	0,3333333333
l'Alqueria de la Comtessa	2	0,25	1	0,3333333333
Andilla	4	0,5	1	0,3333333333
Anna	2	0,25	1	0,3333333333
Antella	2	0,25	1	0,3333333333
Aras de los Olmos	3	0,375	1	0,3333333333
Aielo de Malferit	2	0,25	1	0,3333333333
Aielo de Rugat	2	0,25	1	0,3333333333
Ayora	4	0,5	1	0,3333333333
Barxeta	2	0,25	1	0,3333333333
Barx	2	0,25	1	0,3333333333

ANÁLISIS DEL RIESGO				
MUNICIPIO	TABLA EXPOSICIÓN		TABLA PELIGROSIDAD	
	VALOR EXPOS.	ÍNDICE EXPOS.	VALOR PELIGROS.	ÍNDICE PELIGROS.
Bèlgida	2	0,25	1	0,3333333333
Bellreguard	2	0,25	1	0,3333333333
Bellús	2	0,25	1	0,3333333333
Benagéber	3	0,375	2	0,6666666667
Benaguasil	2	0,25	1	0,3333333333
Benavites	2	0,25	1	0,3333333333
Beneixida	2	0,25	1	0,3333333333
Benetússer	2	0,25		
Beniarjó	2	0,25	1	0,3333333333
Beniatjar	2	0,25	1	0,3333333333
Benicolet	2	0,25	1	0,3333333333
Benifairó de les Valls	2	0,25	1	0,3333333333
Benifairó de la Valldigna	2	0,25	1	0,3333333333
Benifaió	2	0,25		
Beniflá	2	0,25		
Benigànim	2	0,25	2	0,6666666667
Benimodo	2	0,25	1	0,3333333333
Benimuslem	2	0,25	1	0,3333333333
Beniparrell	2	0,25	1	0,3333333333
Benirredrà	2	0,25	1	0,3333333333
Benissanó	2	0,25		
Benissoda	2	0,25	1	0,3333333333
Benissuera	2	0,25		
Bétera	4	0,5	1	0,3333333333
Bicorp	4	0,5	1	0,3333333333
Bocairent	3	0,375	1	0,3333333333
Bolbaite	2	0,25	1	0,3333333333
Bonrepòs i Mirambell	2	0,25		
Bufali	2	0,25	1	0,3333333333
Bugarra	2	0,25	1	0,3333333333

ANÁLISIS DEL RIESGO				
MUNICIPIO	TABLA EXPOSICIÓN		TABLA PELIGROSIDAD	
	VALOR EXPOS.	ÍNDICE EXPOS.	VALOR PELIGROS.	ÍNDICE PELIGROS.
Buñol	4	0,5	1	0,3333333333
Burjassot	2	0,25		
Calles	3	0,375	1	0,3333333333
Camporrobles	3	0,375	1	0,3333333333
Canals	2	0,25	1	0,3333333333
Canet d'En Berenguer	2	0,25	2	0,6666666667
Carcaixent	3	0,375	1	0,3333333333
Càrcer	2	0,25	1	0,3333333333
Carlet	2	0,25	1	0,3333333333
Carrícola	2	0,25	1	0,3333333333
Casinos	2	0,25	1	0,3333333333
Castelló de Rugat	2	0,25	1	0,3333333333
Castellonet de la Conquesta	2	0,25	1	0,3333333333
Catadau	2	0,25	1	0,3333333333
Catarroja	2	0,25	1	0,3333333333
Caudete de las Fuentes	2	0,25	1	0,3333333333
Cerdà	2	0,25	1	0,3333333333
Cofrentes	4	0,5	1	0,3333333333
Corbera	2	0,25	1	0,3333333333
Cortes de Pallás	4	0,5	2	0,6666666667
Cotes	2	0,25	1	0,3333333333
Quart de les Valls	2	0,25	1	0,3333333333
Quart de Poblet	2	0,25	1	0,3333333333
Quartell	2	0,25	1	0,3333333333
Quatretonda	2	0,25	1	0,3333333333
Cullera	3	0,375	2	0,6666666667
Chelva	4	0,5	1	0,3333333333
Chella	2	0,25	1	0,3333333333
Chera	2	0,25	2	0,6666666667
Cheste	3	0,375	1	0,3333333333

ANÁLISIS DEL RIESGO				
MUNICIPIO	TABLA EXPOSICIÓN		TABLA PELIGROSIDAD	
	VALOR EXPOS.	ÍNDICE EXPOS.	VALOR PELIGROS.	ÍNDICE PELIGROS.
Xirivella	2	0,25		
Chiva	5	0,625	1	0,3333333333
Chulilla	3	0,375	1	0,3333333333
Daimús	2	0,25	1	0,3333333333
Domeño	3	0,375	1	0,3333333333
Dos Aguas	4	0,5	1	0,3333333333
l'Eliana	2	0,25		
Emperador	2	0,25		
Enguera	4	0,5	1	0,3333333333
l'Énova	2	0,25	1	0,3333333333
Estivella	2	0,25	1	0,3333333333
Estubeny	2	0,25	1	0,3333333333
Faura	2	0,25		
Favara	2	0,25	1	0,3333333333
Fontanars dels Alforins	3	0,375	1	0,3333333333
Fortaleny	2	0,25	1	0,3333333333
Foios	2	0,25	1	0,3333333333
la Font d'en Carròs	2	0,25	1	0,3333333333
la Font de la Figuera	3	0,375	1	0,3333333333
Fuenterrobles	2	0,25	1	0,3333333333
Gavarda	2	0,25	1	0,3333333333
Gandia	4	0,5	2	0,6666666667
el Genovés	2	0,25	1	0,3333333333
Gestalgar	3	0,375	1	0,3333333333
Gilet	2	0,25	1	0,3333333333
Godella	2	0,25	1	0,3333333333
Godelleta	2	0,25	1	0,3333333333
la Granja de la Costera	2	0,25	1	0,3333333333
Guadasséquies	2	0,25	1	0,3333333333
Guadassuar	2	0,25	1	0,3333333333

ANÁLISIS DEL RIESGO				
MUNICIPIO	TABLA EXPOSICIÓN		TABLA PELIGROSIDAD	
	VALOR EXPOS.	ÍNDICE EXPOS.	VALOR PELIGROS.	ÍNDICE PELIGROS.
Guardamar de la Safor	2	0,25	1	0,3333333333
Higueruelas	2	0,25	1	0,3333333333
Jalance	3	0,375	1	0,3333333333
Xeraco	2	0,25	2	0,6666666667
Jarafuel	4	0,5	1	0,3333333333
Xàtiva	3	0,375	1	0,3333333333
Xeresa	2	0,25	1	0,3333333333
Llíria	4	0,5	1	0,3333333333
Loriguilla	3	0,375	2	0,6666666667
Losa del Obispo	2	0,25	1	0,3333333333
Llutxent	2	0,25	1	0,3333333333
Llocnou d'En Fenollet	3	0,375		
Llocnou de la Corona	2	0,25		
Llocnou de Sant Jeroni	2	0,25	1	0,3333333333
Llanera de Ranes	2	0,25	1	0,3333333333
Llaurí	2	0,25	1	0,3333333333
Llombai	3	0,375	1	0,3333333333
la Llosa de Ranes	2	0,25	1	0,3333333333
Macastre	2	0,25	1	0,3333333333
Manises	2	0,25	1	0,3333333333
Manuel	2	0,25	1	0,3333333333
Marines	2	0,25	1	0,3333333333
Massalavés	2	0,25	1	0,3333333333
Massalfassar	2	0,25	2	0,6666666667
Massamagrell	2	0,25	2	0,6666666667
Massanassa	2	0,25	1	0,3333333333
Meliana	2	0,25	1	0,3333333333
Millares	4	0,5	1	0,3333333333
Miramar	2	0,25	1	0,3333333333
Mislata	2	0,25		

ANÁLISIS DEL RIESGO				
MUNICIPIO	TABLA EXPOSICIÓN		TABLA PELIGROSIDAD	
	VALOR EXPOS.	ÍNDICE EXPOS.	VALOR PELIGROS.	ÍNDICE PELIGROS.
Mogente/Moixent	4	0,5	1	0,3333333333
Moncada	2	0,25	1	0,3333333333
Montserrat	2	0,25	1	0,3333333333
Montaverner	2	0,25	1	0,3333333333
Montesa	2	0,25	1	0,3333333333
Montitxelvo/Montichelvo	2	0,25	1	0,3333333333
Montroi/Montroy	2	0,25	1	0,3333333333
Museros	2	0,25		
Nàquera/Náquera	2	0,25	1	0,3333333333
Navarrés	2	0,25	2	0,6666666667
Novelé/Novetlè	2	0,25	1	0,3333333333
Oliva	3	0,375	3	1
Olocau	2	0,25	1	0,3333333333
l'Olleria	2	0,25	1	0,3333333333
Ontinyent	4	0,5	1	0,3333333333
Otos	2	0,25	1	0,3333333333
Paiporta	2	0,25		
Palma de Gandía	2	0,25	1	0,3333333333
Palmera	2	0,25		
el Palomar	2	0,25	1	0,3333333333
Paterna	3	0,375	1	0,3333333333
Pedralba	3	0,375	1	0,3333333333
Petrés	2	0,25	1	0,3333333333
Picanya	2	0,25	1	0,3333333333
Picassent	3	0,375	1	0,3333333333
Piles	2	0,25	1	0,3333333333
Pinet	2	0,25	1	0,3333333333
Polinyà de Xúquer	2	0,25	1	0,3333333333
Potries	2	0,25	1	0,3333333333

ANÁLISIS DEL RIESGO				
MUNICIPIO	TABLA EXPOSICIÓN		TABLA PELIGROSIDAD	
	VALOR EXPOS.	ÍNDICE EXPOS.	VALOR PELIGROS.	ÍNDICE PELIGROS.
la Pobla de Farnals	2	0,25	1	0,3333333333
la Pobla del Duc	2	0,25	1	0,3333333333
la Pobla de Vallbona	3	0,375	1	0,3333333333
la Pobla Llarga	2	0,25	1	0,3333333333
el Puig de Santa Maria	2	0,25	2	0,6666666667
Puçol	2	0,25	2	0,6666666667
Quesa	3	0,375	1	0,3333333333
Rafelbunyol	2	0,25		
Rafelcofer	2	0,25	1	0,3333333333
Rafelguaraf	2	0,25	1	0,3333333333
Ráfol de Salem	2	0,25	1	0,3333333333
el Real de Gandia	2	0,25	1	0,3333333333
Real	2	0,25	1	0,3333333333
Requena	5	0,625	1	0,3333333333
Riba-roja de Túria	3	0,375	1	0,3333333333
Riola	2	0,25	1	0,3333333333
Rocafort	2	0,25		
Rotglà i Corberà	2	0,25	1	0,3333333333
Ròtova	2	0,25	1	0,3333333333
Rugat	2	0,25	1	0,3333333333
Sagunto/Sagunt	5	0,625	2	0,6666666667
Salem	2	0,25	1	0,3333333333
Sant Joanet	2	0,25		
Sedaví	2	0,25		
Segart	2	0,25	1	0,3333333333
Sellent	2	0,25	1	0,3333333333
Sempere	2	0,25	1	0,3333333333
Senyera	2	0,25	1	0,3333333333
Serra	3	0,375	1	0,3333333333
Siete Aguas	4	0,5	1	0,3333333333

ANÁLISIS DEL RIESGO				
MUNICIPIO	TABLA EXPOSICIÓN		TABLA PELIGROSIDAD	
	VALOR EXPOS.	ÍNDICE EXPOS.	VALOR PELIGROS.	ÍNDICE PELIGROS.
Silla	2	0,25		
Simat de la Valldigna	2	0,25	1	0,3333333333
Sinarcas	4	0,5	1	0,3333333333
Sollana	2	0,25	1	0,3333333333
Sot de Chera	2	0,25	1	0,3333333333
Sueca	3	0,375	2	0,6666666667
Sumacàrcer	2	0,25	1	0,3333333333
Tavernes Blanques	2	0,25		
Tavernes de la Valldigna	2	0,25	2	0,6666666667
Teresa de Cofrentes	4	0,5	1	0,3333333333
Terrateig	2	0,25	1	0,3333333333
Titaguas	3	0,375	1	0,3333333333
Torrella	2	0,25	1	0,3333333333
Torrent	4	0,5	1	0,3333333333
Torres Torres	2	0,25	1	0,3333333333
Tous	4	0,5	2	0,6666666667
Tuéjar	4	0,5	1	0,3333333333
Turís	3	0,375	1	0,3333333333
Utiel	4	0,5	1	0,3333333333
València	7	0,875	2	0,6666666667
Vallada	3	0,375	1	0,3333333333
Vallés	2	0,25	1	0,3333333333
Venta del Moro	4	0,5	1	0,3333333333
Vilallonga/Villalonga	2	0,25	1	0,3333333333
Vilamarxant	3	0,375	1	0,3333333333
Castelló	2	0,25	1	0,3333333333
Villar del Arzobispo	2	0,25	1	0,3333333333
Villargordo del Cabriel	3	0,375	2	0,6666666667
Vinalesa	2	0,25	1	0,3333333333
Yátova	4	0,5	2	0,6666666667

ANÁLISIS DEL RIESGO				
MUNICIPIO	TABLA EXPOSICIÓN		TABLA PELIGROSIDAD	
	VALOR EXPOS.	ÍNDICE EXPOS.	VALOR PELIGROS.	ÍNDICE PELIGROS.
La Yesa	3	0,375	1	0,3333333333
Zarra	2	0,25	1	0,3333333333
Gátova	2	0,25	1	0,3333333333
San Antonio de Benagéber	2	0,25	1	0,3333333333
Benicull de Xúquer	2	0,25		
La Iglesuela del Cid	1	0,125		

MUNICIPIO	VALOR RIESGO	RIESGO
l'Atzúbia	1,00	BAJO
Agost	1,00	BAJO
Agres	1,00	BAJO
Aigües	1,00	BAJO
Albatera	1,00	BAJO
Alcalalí	1,00	BAJO
Alcocer de Planes	1,00	BAJO
Alcoleja	1,00	BAJO
Alcoy/Alcoi	2,00	MEDIO
Alfafara	1,00	BAJO
l'Alfàs del Pi	1,00	BAJO
Algorfa	1,00	BAJO
Algueña	1,00	BAJO
Alicante/Alacant	3,00	ALTO
Almoradí	1,00	BAJO
Almudaina	1,00	BAJO
l'Alqueria d'Asnar	1,00	BAJO
Altea	1,00	BAJO
Aspe	1,00	BAJO
Balones	1,00	BAJO
Banyeres de Mariola	1,00	BAJO
Benasau	1,00	BAJO
Beneixama	1,00	BAJO
Benejúzar	1,00	BAJO
Benferri	1,00	BAJO
Beniarbeig	1,00	BAJO
Beniardá	1,00	BAJO
Beniarrés	1,00	BAJO
Benigembla	1,00	BAJO
Benidoleig	1,00	BAJO
Benidorm	2,00	MEDIO
Benifallim	1,00	BAJO
Benifato	1,00	BAJO
Benijófar	1,00	BAJO
Benilloba	1,00	BAJO

MUNICIPIO	VALOR RIESGO	RIESGO
Benillup	1,00	BAJO
Benimantell	1,00	BAJO
Benimarfull	1,00	BAJO
Benimassot	1,00	BAJO
Benimeli	1,00	BAJO
Benissa	1,00	BAJO
Benitachell/el Poble Nou de Benitatxell	1,00	BAJO
Biar	1,00	BAJO
Bigastro	1,00	BAJO
Bolulla	1,00	BAJO
Busot	1,00	BAJO
Calp	1,00	BAJO
Callosa d'en Sarrià	1,00	BAJO
Callosa de Segura	1,00	BAJO
el Campello	2,00	MEDIO
Campo de Mirra/el Camp de Mirra	1,00	BAJO
Cañada	1,00	BAJO
Castalla	1,00	BAJO
Castell de Castells	1,00	BAJO
Catral	1,00	BAJO
Cocentaina	1,00	BAJO
Confrides	1,00	BAJO
Cox	1,00	BAJO
Crevillent	2,00	MEDIO
Quatretondeta	1,00	BAJO
Daya Nueva	1,00	BAJO
Daya Vieja	1,00	BAJO
Dénia	2,00	MEDIO
Dolores	1,00	BAJO
Elche/Elx	3,00	ALTO
Elda	2,00	MEDIO
Fageca	1,00	BAJO
Famorca	1,00	BAJO
Finestrat	1,00	BAJO
Formentera del Segura	1,00	BAJO

MUNICIPIO	VALOR RIESGO	RIESGO
Gata de Gorgos	1,00	BAJO
Gaianes	1,00	BAJO
Gorga	1,00	BAJO
Granja de Rocamora	1,00	BAJO
el Castell de Guadalest	1,00	BAJO
Guardamar del Segura	1,00	BAJO
el Fondó de les Neus/Hondón de las Nieves	1,00	BAJO
Hondón de los Frailes	1,00	BAJO
Ibi	1,00	BAJO
Jacarilla	1,00	BAJO
Xaló	1,00	BAJO
Jávea/Xàbia	2,00	MEDIO
Jijona/Xixona	1,00	BAJO
Lorcha/l'Orxa	1,00	BAJO
Llíber	1,00	BAJO
Millena	1,00	BAJO
Monforte del Cid	1,00	BAJO
Monóvar/Monòver	1,00	BAJO
Mutxamel	1,00	BAJO
Murla	1,00	BAJO
Muro de Alcoy	1,00	BAJO
Novelda	1,00	BAJO
la Nucia	1,00	BAJO
Ondara	1,00	BAJO
Onil	1,00	BAJO
Orba	1,00	BAJO
Orxeta	1,00	BAJO
Orihuela	2,00	MEDIO
Parcent	1,00	BAJO
Pedreguer	1,00	BAJO
Pego	1,00	BAJO
Penàguila	1,00	BAJO
Petrer	1,00	BAJO
el Pinós/Pinoso	1,00	BAJO

MUNICIPIO	VALOR RIESGO	RIESGO
Planes	1,00	BAJO
Polop	1,00	BAJO
Rafal	1,00	BAJO
el Ràfol d'Almúnia	1,00	BAJO
Redován	1,00	BAJO
Relleu	1,00	BAJO
Rojales	1,00	BAJO
la Romana	1,00	BAJO
Sagra	1,00	BAJO
Salinas	1,00	BAJO
Sanet y Negrals	1,00	BAJO
San Fulgencio	1,00	BAJO
Sant Joan d'Alacant	1,00	BAJO
San Miguel de Salinas	1,00	BAJO
Santa Pola	2,00	MEDIO
San Vicente del Raspeig/Sant Vicent del Raspeig	1,00	BAJO
Sax	1,00	BAJO
Sella	1,00	BAJO
Senija	1,00	BAJO
Tàrbena	1,00	BAJO
Teulada	1,00	BAJO
Tibi	1,00	BAJO
Tollos	1,00	BAJO
Tormos	1,00	BAJO
Torremanzanas/la Torre de les Maçanes	1,00	BAJO
Torrevieja	2,00	MEDIO
la Vall d'Alcalà	1,00	BAJO
la Vall d'Ebo	1,00	BAJO
la Vall de Gallinera	1,00	BAJO
la Vall de Laguar	1,00	BAJO
el Verger	1,00	BAJO
Villajoyosa/la Vila Joiosa	2,00	MEDIO
Villena	1,00	BAJO
els Poblets	1,00	BAJO

MUNICIPIO	VALOR RIESGO	RIESGO
Pilar de la Horadada	1,00	BAJO
Los Montesinos	1,00	BAJO
San Isidro	1,00	BAJO
Atzeneta del Maestrat	1,00	BAJO
Aín	1,00	BAJO
Albocàsser	1,00	BAJO
Alcalà de Xivert	1,00	BAJO
l'Alcora	1,00	BAJO
Alcudia de Veo	1,00	BAJO
Alfondeguilla	1,00	BAJO
Algimia de Almonacid	1,00	BAJO
Almassora	2,00	MEDIO
Almedíjar	1,00	BAJO
Almenara	1,00	BAJO
Altura	1,00	BAJO
Arañuel	1,00	BAJO
Ares del Maestrat	1,00	BAJO
Argelita	1,00	BAJO
Artana	1,00	BAJO
Ayódar	1,00	BAJO
Azuébar	1,00	BAJO
Barracas	1,00	BAJO
Betxí	1,00	BAJO
Bejís	1,00	BAJO
Benafer	1,00	BAJO
Benafigos	1,00	BAJO
Benassal	1,00	BAJO
Benicarló	1,00	BAJO
Benicasim/Benicàssim	1,00	BAJO
Benlloc	1,00	BAJO
Borriol	1,00	BAJO
Borriana/Burriana	1,00	BAJO
Cabanes	2,00	MEDIO
Càlig	1,00	BAJO
Canet lo Roig	1,00	BAJO

MUNICIPIO	VALOR RIESGO	RIESGO
Castell de Cabres	1,00	BAJO
Castellfort	1,00	BAJO
Castellnovo	1,00	BAJO
Castelló de la Plana	2,00	MEDIO
Castillo de Villamalefa	1,00	BAJO
Catí	1,00	BAJO
Caudiel	1,00	BAJO
Cervera del Maestre	1,00	BAJO
Cinctorres	1,00	BAJO
Cirat	1,00	BAJO
Cortes de Arenoso	1,00	BAJO
Costur	1,00	BAJO
les Coves de Vinromà	1,00	BAJO
Culla	1,00	BAJO
Xert	1,00	BAJO
Chilches/Xilxes	1,00	BAJO
Chodos/Xodos	1,00	BAJO
Chóvar	1,00	BAJO
Eslida	1,00	BAJO
Espadilla	1,00	BAJO
Fanzara	1,00	BAJO
Figueroles	1,00	BAJO
Forcall	1,00	BAJO
Fuente la Reina	1,00	BAJO
Fuentes de Ayódar	1,00	BAJO
Gaibiel	1,00	BAJO
Geldo	1,00	BAJO
Herbers	1,00	BAJO
Higueras	1,00	BAJO
la Jana	1,00	BAJO
Jérica	1,00	BAJO
Llucena/Lucena del Cid	1,00	BAJO
Ludiente	1,00	BAJO
la Llosa	1,00	BAJO
la Mata de Morella	1,00	BAJO

MUNICIPIO	VALOR RIESGO	RIESGO
Matet	1,00	BAJO
Moncofa	1,00	BAJO
Montán	1,00	BAJO
Montanejos	1,00	BAJO
Morella	1,00	BAJO
Navajas	1,00	BAJO
Nules	1,00	BAJO
Olocau del Rey	1,00	BAJO
Onda	2,00	MEDIO
Oropesa del Mar/Orpesa	1,00	BAJO
Palanques	1,00	BAJO
Pavías	1,00	BAJO
Peníscola/Peñíscola	1,00	BAJO
Pina de Montalgrao	1,00	BAJO
Portell de Morella	1,00	BAJO
Puebla de Arenoso	1,00	BAJO
la Pobla de Benifassà	1,00	BAJO
la Pobla Tornesa	1,00	BAJO
Ribesalbes	1,00	BAJO
Rossell	1,00	BAJO
Sacañet	1,00	BAJO
la Salzadella	1,00	BAJO
Sant Jordi/San Jorge	1,00	BAJO
Sant Mateu	1,00	BAJO
San Rafael del Río	1,00	BAJO
Santa Magdalena de Pulpis	1,00	BAJO
la Serratella	1,00	BAJO
Segorbe	1,00	BAJO
Sierra Engarcerán	1,00	BAJO
Soneja	1,00	BAJO
Sot de Ferrer	1,00	BAJO
Sueras/Suera	1,00	BAJO
Tales	1,00	BAJO
Teresa	1,00	BAJO
Tírig	1,00	BAJO

MUNICIPIO	VALOR RIESGO	RIESGO
Todolella	1,00	BAJO
Toga	1,00	BAJO
Torás	1,00	BAJO
El Toro	1,00	BAJO
Torralba del Pinar	1,00	BAJO
Torreblanca	1,00	BAJO
Torrechiva	1,00	BAJO
la Torre d'En Besora	1,00	BAJO
la Torre d'en Doménec	1,00	BAJO
Traiguera	1,00	BAJO
Useras/les Useres	1,00	BAJO
Vallat	1,00	BAJO
Vall d'Alba	1,00	BAJO
Vall de Almonacid	1,00	BAJO
la Vall d'Uixó	1,00	BAJO
Vallibona	1,00	BAJO
Vilafamés	1,00	BAJO
Vilafranca/Villafranca del Cid	1,00	BAJO
Villahermosa del Río	1,00	BAJO
Villamalur	1,00	BAJO
Vilanova d'Alcolea	1,00	BAJO
Villanueva de Viver	1,00	BAJO
Vilar de Canes	1,00	BAJO
Vila-real	1,00	BAJO
la Vilavella	1,00	BAJO
Villores	1,00	BAJO
Vinaròs	2,00	MEDIO
Vistabella del Maestrat	1,00	BAJO
Viver	1,00	BAJO
Zorita del Maestrazgo	1,00	BAJO
Zucaina	1,00	BAJO
les Alqueries/Alquerías del Niño Perdido	1,00	BAJO
Sant Joan de Moró	1,00	BAJO
Ador	1,00	BAJO

MUNICIPIO	VALOR RIESGO	RIESGO
Atzeneta d'Albaida	1,00	BAJO
Agullent	1,00	BAJO
Alaquàs	1,00	BAJO
Albaida	1,00	BAJO
Albal	1,00	BAJO
Albalat de la Ribera	1,00	BAJO
Albalat dels Sorells	1,00	BAJO
Albalat dels Tarongers	1,00	BAJO
Alberic	1,00	BAJO
Alborache	1,00	BAJO
Alboraia/Alboraya	1,00	BAJO
Albuixech	1,00	BAJO
Alcàsser	1,00	BAJO
Alcàntera de Xúquer	1,00	BAJO
Alzira	1,00	BAJO
Alcublas	1,00	BAJO
l'Alcúdia	1,00	BAJO
l'Alcúdia de Crespins	1,00	BAJO
Aldaia	1,00	BAJO
Alfafar	1,00	BAJO
Alfauir	1,00	BAJO
Alfara de la Baronia	1,00	BAJO
Alfara del Patriarca	1,00	BAJO
Alfarp	1,00	BAJO
Alfarrasí	1,00	BAJO
Algar de Palancia	1,00	BAJO
Algemesí	1,00	BAJO
Algímia d'Alfara	1,00	BAJO
Alginet	1,00	BAJO
Almàssera	1,00	BAJO
Almiserà	1,00	BAJO
Almoines	1,00	BAJO
Almussafes	1,00	BAJO
Alpuente	1,00	BAJO
l'Alqueria de la Comtessa	1,00	BAJO

MUNICIPIO	VALOR RIESGO	RIESGO
Andilla	1,00	BAJO
Anna	1,00	BAJO
Antella	1,00	BAJO
Aras de los Olmos	1,00	BAJO
Aielo de Malferit	1,00	BAJO
Aielo de Rugat	1,00	BAJO
Ayora	1,00	BAJO
Barxeta	1,00	BAJO
Barx	1,00	BAJO
Bèlgida	1,00	BAJO
Bellreguard	1,00	BAJO
Bellús	1,00	BAJO
Benagéber	1,00	BAJO
Benaguasil	1,00	BAJO
Benavites	1,00	BAJO
Beneixida	1,00	BAJO
Benetússer	1,00	BAJO
Beniarjó	1,00	BAJO
Beniatjar	1,00	BAJO
Benicolet	1,00	BAJO
Benifairó de les Valls	1,00	BAJO
Benifairó de la Valldigna	1,00	BAJO
Benifaió	1,00	BAJO
Beniflá	1,00	BAJO
Benigànim	1,00	BAJO
Benimodo	1,00	BAJO
Benimuslem	1,00	BAJO
Beniparrell	1,00	BAJO
Benirredrà	1,00	BAJO
Benissanó	1,00	BAJO
Benissoda	1,00	BAJO
Benissuera	1,00	BAJO
Bétera	1,00	BAJO
Bicorp	1,00	BAJO
Bocairent	1,00	BAJO

MUNICIPIO	VALOR RIESGO	RIESGO
Bolbaite	1,00	BAJO
Bonrepòs i Mirambell	1,00	BAJO
Bufali	1,00	BAJO
Bugarra	1,00	BAJO
Buñol	1,00	BAJO
Burjassot	1,00	BAJO
Calles	1,00	BAJO
Camporrobles	1,00	BAJO
Canals	1,00	BAJO
Canet d'En Berenguer	1,00	BAJO
Carcaixent	1,00	BAJO
Càrcer	1,00	BAJO
Carlet	1,00	BAJO
Carrícola	1,00	BAJO
Casinos	1,00	BAJO
Castelló de Rugat	1,00	BAJO
Castellonet de la Conquesta	1,00	BAJO
Catadau	1,00	BAJO
Catarroja	1,00	BAJO
Caudete de las Fuentes	1,00	BAJO
Cerdà	1,00	BAJO
Cofrentes	1,00	BAJO
Corbera	1,00	BAJO
Cortes de Pallás	1,00	BAJO
Cotes	1,00	BAJO
Quart de les Valls	1,00	BAJO
Quart de Poblet	1,00	BAJO
Quartell	1,00	BAJO
Quatretonda	1,00	BAJO
Cullera	1,00	BAJO
Chelva	1,00	BAJO
Chella	1,00	BAJO
Chera	1,00	BAJO
Cheste	1,00	BAJO
Xirivella	1,00	BAJO

MUNICIPIO	VALOR RIESGO	RIESGO
Chiva	1,00	BAJO
Chulilla	1,00	BAJO
Daimús	1,00	BAJO
Domeño	1,00	BAJO
Dos Aguas	1,00	BAJO
l'Eliana	1,00	BAJO
Emperador	1,00	BAJO
Enguera	1,00	BAJO
l'Énova	1,00	BAJO
Estivella	1,00	BAJO
Estubeny	1,00	BAJO
Faura	1,00	BAJO
Favara	1,00	BAJO
Fontanars dels Alforins	1,00	BAJO
Fortaleny	1,00	BAJO
Foios	1,00	BAJO
la Font d'en Carròs	1,00	BAJO
la Font de la Figuera	1,00	BAJO
Fuenterrobles	1,00	BAJO
Gavarda	1,00	BAJO
Gandia	2,00	MEDIO
el Genovés	1,00	BAJO
Gestalgar	1,00	BAJO
Gilet	1,00	BAJO
Godella	1,00	BAJO
Godelleta	1,00	BAJO
la Granja de la Costera	1,00	BAJO
Guadasséquies	1,00	BAJO
Guadassuar	1,00	BAJO
Guardamar de la Safor	1,00	BAJO
Higueruelas	1,00	BAJO
Jalance	1,00	BAJO
Xeraco	1,00	BAJO
Jarafuel	1,00	BAJO
Xàtiva	1,00	BAJO

MUNICIPIO	VALOR RIESGO	RIESGO
Xeresa	1,00	BAJO
Llíria	1,00	BAJO
Loriguilla	1,00	BAJO
Losa del Obispo	1,00	BAJO
Llutxent	1,00	BAJO
Llocnou d'En Fenollet	1,00	BAJO
Llocnou de la Corona	1,00	BAJO
Llocnou de Sant Jeroni	1,00	BAJO
Llanera de Ranes	1,00	BAJO
Llaurí	1,00	BAJO
Llombai	1,00	BAJO
la Llosa de Ranes	1,00	BAJO
Macastre	1,00	BAJO
Manises	1,00	BAJO
Manuel	1,00	BAJO
Marines	1,00	BAJO
Massalavés	1,00	BAJO
Massalfassar	1,00	BAJO
Massamagrell	1,00	BAJO
Massanassa	1,00	BAJO
Meliana	1,00	BAJO
Millares	1,00	BAJO
Miramar	1,00	BAJO
Mislata	1,00	BAJO
Mogente/Moixent	1,00	BAJO
Moncada	1,00	BAJO
Montserrat	1,00	BAJO
Montaverner	1,00	BAJO
Montesa	1,00	BAJO
Montitxelvo/Montichelvo	1,00	BAJO
Montroi/Montroy	1,00	BAJO
Museros	1,00	BAJO
Nàquera/Náquera	1,00	BAJO
Navarrés	1,00	BAJO
Novelé/Novetlè	1,00	BAJO

MUNICIPIO	VALOR RIESGO	RIESGO
Oliva	2,00	MEDIO
Olocau	1,00	BAJO
l'Olleria	1,00	BAJO
Ontinyent	1,00	BAJO
Otos	1,00	BAJO
Paiporta	1,00	BAJO
Palma de Gandía	1,00	BAJO
Palmera	1,00	BAJO
el Palomar	1,00	BAJO
Paterna	1,00	BAJO
Pedralba	1,00	BAJO
Petrés	1,00	BAJO
Picanya	1,00	BAJO
Picassent	1,00	BAJO
Piles	1,00	BAJO
Pinet	1,00	BAJO
Polinyà de Xúquer	1,00	BAJO
Potries	1,00	BAJO
la Pobla de Farnals	1,00	BAJO
la Pobla del Duc	1,00	BAJO
la Pobla de Vallbona	1,00	BAJO
la Pobla Llarga	1,00	BAJO
el Puig de Santa Maria	1,00	BAJO
Puçol	1,00	BAJO
Quesa	1,00	BAJO
Rafelbunyol	1,00	BAJO
Rafelcofer	1,00	BAJO
Rafelguaraf	1,00	BAJO
Ráfol de Salem	1,00	BAJO
el Real de Gandia	1,00	BAJO
Real	1,00	BAJO
Requena	1,00	BAJO
Riba-roja de Túria	1,00	BAJO
Riola	1,00	BAJO
Rocafort	1,00	BAJO

MUNICIPIO	VALOR RIESGO	RIESGO
Rotglà i Corberà	1,00	BAJO
Ròtova	1,00	BAJO
Rugat	1,00	BAJO
Sagunto/Sagunt	2,00	MEDIO
Salem	1,00	BAJO
Sant Joanet	1,00	BAJO
Sedaví	1,00	BAJO
Segart	1,00	BAJO
Sellent	1,00	BAJO
Sempere	1,00	BAJO
Senyera	1,00	BAJO
Serra	1,00	BAJO
Siete Aguas	1,00	BAJO
Silla	1,00	BAJO
Simat de la Valldigna	1,00	BAJO
Sinarcas	1,00	BAJO
Sollana	1,00	BAJO
Sot de Chera	1,00	BAJO
Sueca	2,00	MEDIO
Sumacàrcer	1,00	BAJO
Tavernes Blanques	1,00	BAJO
Tavernes de la Valldigna	1,00	BAJO
Teresa de Cofrentes	1,00	BAJO
Terrateig	1,00	BAJO
Titaguas	1,00	BAJO
Torrella	1,00	BAJO
Torrent	2,00	MEDIO
Torres Torres	1,00	BAJO
Tous	1,00	BAJO
Tuéjar	1,00	BAJO
Turís	1,00	BAJO
Utiel	1,00	BAJO
València	3,00	ALTO
Vallada	1,00	BAJO
Vallés	1,00	BAJO

MUNICIPIO	VALOR RIESGO	RIESGO
Venta del Moro	1,00	BAJO
Vilallonga/Villalonga	1,00	BAJO
Vilamarxant	1,00	BAJO
Castelló	1,00	BAJO
Villar del Arzobispo	1,00	BAJO
Villargordo del Cabriel	1,00	BAJO
Vinalesa	1,00	BAJO
Yátova	1,00	BAJO
La Yesa	1,00	BAJO
Zarra	1,00	BAJO
Gátova	1,00	BAJO
San Antonio de Benagéber	1,00	BAJO
Benicull de Xúquer	1,00	BAJO
La Iglesuela del Cid	1,00	BAJO

Variables	Datos	Divisiones	Valor del Dato
Vulnerabilidad	censo 2011-11-01	<25000	4/8
		25000-50000	3/8
		50000-200000	2/4
		>200000	1/8
	estimación 2021-01-01.	<25000	4/8
		25000-50000	3/8
		50000-200000	2/8
		>200000	1/8
Exposición	Superficie	<50 km²	4/8
		50-100 km²	3/8
		100-500 km²	2/4
		>500 km²	1/8
	Superficie Urbanizada	<10 km²	4/8
		10-20 km²	3/8
		20-30 km²	2/8
		>30 km²	1/8
Peligrosidad	Peligrosidad por Presa	Si	1/3
		No	0
	Peligrosidad por zona costera	Si	1/3
		No	0
	Peligrosidad por Incendio Forestal	Si	1/3
		No	0

Riesgo (R=V+E+P)			
A	B	C	D
2,17	1,58	1,67	0,75
Riesgo Alto	Riesgo Medio	Riesgo Medio	Riesgo Bajo

	Vulnerabilidad	Exposición	Peligrosidad	Riesgo
Alto	>0,75	> 0,62	1	>2
Medio	0,5-0,75	0,37-0,62	2/3	1-2
Bajo	< 0,5	< 0,37	1/3	< 1

Municipio				Municipio	Resultado de la variable
A	B	C	D		
				A	0,625
				B	0,5
				C	0,5
				D	0,25
				A	0,875
				B	0,75
				C	0,5
				D	0,5
				A	0,67
				B	0,33
				C	0,67
				D	0,00

Grado en la Escala de Turín	Grado en la Escala de Turín	Riesgo	Descripción
Nivel 0	0	Nulo	La probabilidad de colisión es cero o prácticamente cero o el objeto es tan pequeño que se desintegraría antes de poder hacer algún daño en la superficie terrestre.
NIvel 1	1	Normal	Las posibilidades de colisión son extremadamente bajas y no merecen mucha atención.
Nivel 2	3	Merecedores de atencion por parte de los astronomos	Los cálculos indican una posibilidad de colisión de hasta un 1 %, será necesaria la atención por parte de las autoridades y del público, si el riesgo de colisión está a menos de 10 años.
Nivel 3	8	Colisión segura	Destrucción local si cae en la tierra o en un tsunami si lo hace en el mar.

Emergencia	Grado en la Escala de Turín	Corredor de Riesgo	COMPETENCIA
Situación o	8, 9 o 10	No influye	No influye
Situación 1	8	Incluye a la comunidad autonoma	Autonómica
Situación 2	9	Incluye a la comunidad autonoma y alrrededores	Estatal
Situación 3	10	No influye	Internacional

Lista de riesgos especiales la ESA			
No.	Object designation	Diameter in m	Impact date/time in UTC
1	101955 Bennu	484	103267,85
2	29075 1950DA	1300	358015,992

Lista de riesgos de la ESA						
No.	Designador de objetos	Diámetro en m	Fecha/hora de impacto en UTC	IP máx.	PS max	TS
1	2021QM1	50*	2052-04-02 1:36	1/3278	-2,71	0
2	2010RF12	8*	2095-09-05 23:49	1/14	-3,07	0
3	1979XB	700*	2056-12-12 21:39	1/3.5E6	-3,22	0
4	2000SG344	40*	2071-09-16 0:57	1/1146	-3,37	0
5	2008JL3	30*	2027-05-01 9:06	1/6711	-3,66	0
6	2021GX9	30*	2032-04-16 21:51	1/19880	-3,67	0
7	2020FA5	210*	2110-10-29 6:46	1/552486	-3,74	0
8	2018JD	16*	2067-05-08 13:22	1/793	-3,82	0
9	2011DU9	16*	2046-02-23 20:45	1/1443	-3,9	0
10	2012QD8	90*	2047-03-08 23:18	1/169491	-3,9	0

POSIBLES IMPACTOS SEGÚN LA ESA				
2021QM1				
Fecha en UTC	MJD	σ	σ_imp	Distancia ± Ancho en RE
2052-04-02.067	70.629.067	0,017	0	0,78 ± 0,006
2052-04-02.097	70.629.097	4.978	0	0,13 ± 0,005
2054-04-02.586	71.359.586	0,024	0	0,71 ± 0,006
2054-04-02.588	71.359.588	0,033	0	0,63 ± 0,006

IP max	PS max	Vel. in km/s	In list since in d	Comment
292926	-1.59	12.68	2350	Impact Date > 100 years
1/51020	-2.13	17.99	2353	Impact Date > 100 years

Años	IP cum	PS cum	Vel. en km/s	En la lista desde en d
2052-2054	1/3278	-2,71	23.72	256
2095-2119	1/14	-3,07	12.29	4267
2056-2117	1/1.11E6	-2,89	27.54	4959
2069-2119	1/371	-2,95	11.27	4959
2027-2119	1/6097	-3,65	14.01	4959
2032-2052	1/19880	-3,67	20.17	393
2077-2116	1/440528	-3,64	29.34	778
2067-2119	1/568	-3,68	13.76	1468
2043-2059	1/1432	-3,9	14.21	4041
2042-2115	1/164203	-3,89	23.58	3553

Estiramiento en RE/σ	IP	Exp. energía	PS	TS
2.16E3	3.05E-4	2.76E-3	-2,71	0
8.34E4	4.50E-11	4.14E-10	-9,54	0
2.15E6	3.29E-7	2.97E-6	-5,71	0
4.27E7	1.83E-8	1.66E-7	-6,96	0

POSIBLES MEDIOS, MATERIALES Y RECURSOS A NECESITAR			
Medios humanos.	Personal Técnico.	Especialistas en protección civil.	
		Especialistas en riesgos naturales.	Especialistas en hidrología.
			Especialistas en Astrología.
			Especialistas en incendios forestales.
			Investigadores del Instituto geológico minero.
			Especialistas en movimientos de ladera.
		Especialistas en riesgos tecnológicos.	Especialistas en protección radiológica.
			Especialistas en sustancias químicas peligrosas.
		Especialistas técnicos. Otros.	Especialistas en meteorología.
			Especialistas en comunicaciones.
			Especialistas en informática.
			Especialistas en inspección de construcciones.
			Especialistas en explosivos y explosiones controladas.
			Especialistas en asistencia psicosocial.
			Traductores.
			Personal sanitario.
			Especialistas en Protección del Patrimonio Cultural.

Especialistas en inspección de edificaciones.		
Especialistas en inspección de grandes obras de infraestructura.		
Psicólogos.		
Asistentes sociales.		
A.T.S.		
Farmacéuticos.		
Médicos.	Médicos intensivistas.	
	Médicos forenses.	
Biólogos.	Especialistas en microbiología.	
	Especialistas en bioquímica.	
Veterinarios.		

POSIBLES MEDIOS, MATERIALES Y RECURSOS A NECESITAR			
Medios humanos.	Grupos operativos de intervención.	Bomberos	
		Grupos de intervención química y radiológica.	Grupos de intervención en protección nuclear.
			Grupos de intervención en protección química.
			Grupos de intervención en fuegos petroquímicos.
			Grupos de intervención en mercancías peligrosas.
		Grupos de intervención en búsqueda, rescate y salvamento.	Grupos de intervención en montaña.
			Grupos de intervención en espeleosocorro.
			Grupos de intervención subacuáticos.
			Grupos de intervención en salvamento marítimo.
			Unidades de perros adiestrados en búsqueda de personas.
			Grupos de intervención en rescate de personas sepultadas.
		Grupos de intervención en incendios forestales.	
		Grupos de reconocimiento aéreo.	
		Grupos de mantenimiento de redes viarias.	
	Grupos de orden y seguridad.	Guardia Civil.	
		Cuerpo Nacional de Policía.	
		Policía Autónoma.	
		Policía Local.	
		Grupos de seguridad privada.	

POSIBLES MEDIOS, MATERIALES Y RECURSOS A NECESITAR			
Medios humanos.	Grupos de apoyo.	Agrupaciones de voluntarios de Protección Civil.	
		Socorristas.	
		Radioaficionados.	
		Cruz Roja.	
Medios materiales.	Medios aéreos.	Helicópteros.	Helicópteros de salvamento y rescate.
			Helicópteros de avisos a la población.
			Helicópteros de extinción.
			Helicópteros de reconocimiento.
			Helicópteros de transporte.
			Helicópteros de transporte sanitario.

Helicópteros de extinción bombarderos de carga ventral de 1300 a 4000 litros.		
Helicópteros de extinción bombarderos de carga ventral de más de 4000 litros.		
Helicópteros de extinción con helibalde de 1500 a 2500 litros.		
Helicópteros de extinción con helibalde de más de 2500 litros.		
Helicópteros medicalizados.		
Helicópteros medicalizables.		

POSIBLES MEDIOS, MATERIALES Y RECURSOS A NECESITAR			
Medios materiales.	Medios aéreos.	Aviones.	Aviones de extinción.
			Aviones de reconocimiento.
			Aviones de transporte.
			Aviones de transporte sanitario.
	Maquinaria y elementos de obras públicas.	Grúas	Grúas sobre ruedas hasta 10T.
			Grúas sobre ruedas de más de 10T.
			Grúas sobre cadenas hasta 10T.
			Grúas sobre cadenas de más de 10T.
			Grúas autopropulsadas.
		Tractores de obras públicas.	Tractores sobre ruedas.
			Tractores sobre cadenas.
		Palas cargadoras, excavadoras y retroexcavadoras.	Palas cargadoras hasta 100 CV.
			Palas cargadoras de más de 100 CV.
			Excavadoras sobre ruedas hasta 100 CV.
			Excavadoras sobre ruedas de más de 100 CV.
			Excavadoras sobre cadenas hasta 100 CV.
			Excavadoras sobre cadenas de más de 100 CV.
			Retroexcavadoras.

Aviones de extinción anfibios hasta 5000 litros.		
Aviones de extinción anfibios de más de 5000 litros.		
Aviones de extinción de carga en tierra de menos de 2000 litros.		
Aviones de extinción de carga en tierra de 2000 a 4000 litros.		
Aviones de extinción de carga en tierra de 4001 a 12000 litros.		
Aviones de extinción de carga en tierra de más de 12000 litros.		
Aviones medicalizados.		
Aviones medicalizables.		

POSIBLES MEDIOS, MATERIALES Y RECURSOS A NECESITAR			
Medios materiales.	Maquinaria y elementos de obras públicas.	Motoniveladoras	
		Material auxiliar de obras públicas.	Hormigoneras sobre camión.
			Carretillas elevadoras.
			Cintas transportadoras.
			Volquetes.
			Electroventiladores.
			Compresores.
			Martillos neumáticos sobre vehículo.
			Contenedores bañera para escombros.
		Equipos quitanieves.	Máquinas quitanieves de empuje.
			Máquinas quitanieves dinámicas.
			Cuñas quitanieves acoplables a camiones y tractores.
			Vehículos extendedores de fundentes.
		Puentes metálicos desmontables.	
		Camiones de obras públicas.	Camiones góndola.
			Camiones bañera.
			Dumper fuera de carretera.
	Medios materiales. Otros.	Material de extinción. rescate y salvamento.	Material de extinción.

Autobombas.	Autobombas urbanas ligeras.	
	Autobombas rurales ligeras.	
	Autobombas forestales ligeras.	
	Autobombas urbanas pesadas.	
	Autobombas rurales pesadas.	
	Autobombas forestales pesadas.	
	Autobombas nodrizas.	
Embarcaciones de extinción.		
Materiales para establecer líneas de agua.	Remolques motobomba.	

POSIBLES MEDIOS, MATERIALES Y RECURSOS A NECESITAR			
Medios materiales.	Medios materiales. Otros.	Material de extinción. rescate y salvamento.	Material de extinción.
			Materiales de rescate y salvamento.
			Material para extracción de agua.

Materiales para establecer líneas de espuma.	Proporcionadores de espuma.	
	Generadores de espuma.	
Material portátil de extinción.	Extintores manuales.	
	Extintores de explosión.	
Agentes extintores.	Espumógenos.	
	Retardantes.	
Elementos de detección.	Detectores geofónicos.	
	Detectores de visión endoscópica.	
	Detectores de infrarrojos.	
Equipos hidráulicos de rescate.	Separadores hidráulicos.	Separadores hidráulicos de gran potencia.
	Cizallas hidráulicas.	Cizallas hidráulicas de gran potencia.
	Gatos hidráulicos.	Gatos hidráulicos de gran potencia.
Equipos neumáticos de rescate.	Cojines neumáticos de alta presión.	Cojines neumáticos de alta presión y alta capacidad.
	Cojines neumáticos de baja presión.	
Material de tracción.		
Torpedos submarinos.		
Vehículos de salvamento.	Vehículos de equipo acuático.	
	Vehículos de escalada y espeleología.	
Embarcaciones de salvamento.		
Remolques de embarcaciones de salvamento.		
Motobombas.		
Electrobombas.		
Turbobombas.		
Hidro-eyectores.		

<table>
<tr><th colspan="4">POSIBLES MEDIOS, MATERIALES Y RECURSOS A NECESITAR</th></tr>
<tr><td rowspan="10">Medios materiales.</td><td rowspan="10">Medios materiales. Otros.</td><td>Material de extinción. rescate y salvamento.</td><td>Material de apoyo, rescate y salvamento.</td></tr>
<tr><td rowspan="9">Medios de transporte de personas y mercancías.</td><td>Autocares.</td></tr>
<tr><td>Furgonetas</td></tr>
<tr><td>Camiones.</td></tr>
<tr><td>Vehículos funerarios.</td></tr>
<tr><td>Trenes.</td></tr>
<tr><td>Tractores de transporte sobre nieve.</td></tr>
<tr><td>Embarcaciones y vehículos anfibios.</td></tr>
<tr><td>Contenedores para transporte de mercancías.</td></tr>
</table>

Vehículos especiales de apoyo a extinción, rescate y salvamento.	Autoescalas y autobrazos.	Autoescalas.
		Autobrazos extensibles.
		Autobrazos articulados.
	Vehículos de aperos y apuntalamientos.	
	Vehículos reserva de aire.	
	Vehículos de asistencia en accidentes químicos.	
	Vehículos de meteorología y transmisiones.	
Extractores de humos industriales.		
Camiones frigoríficos.		
Camiones cisterna.	Camiones cisterna para agua potable.	
	Camiones cisterna para agua no potable.	
	Camiones plataforma de 12 m. con grúa.	
Buques aljibes.		
Buques transbordadores.		
Embarcaciones de casco plano.		
Vehículos anfibios.		
Embarcaciones rápidas de pasajeros.		

POSIBLES MEDIOS, MATERIALES Y RECURSOS A NECESITAR			
Medios materiales.	Medios materiales. Otros.	Medios de albergue y abastecimiento.	Material de alojamiento.
			Material de descanso.
			Vestimenta y calzado.
			Artículos de aseo.
			Alimentos.
			Dotación complementaria de albergue y abastecimiento.

Conjuntos básicos de alojamiento.		
Casas prefabricadas.		
Caravanas.		
Tiendas de campaña.		
Camas.		
Colchones.		
Colchonetas.		
Sacos de dormir.		
Sábanas.		
Mantas.		
Ropa.		
Calzado.		
Agua potable embotellada o embolsada.		
Alimentos infantiles.		
Alimentos perecederos.		
Alimentos imperecederos congelados.		
Alimentos imperecederos no congelados.		
Raciones de campaña.		
Alimentos para ganados.		
Menaje.		
Cocinas de campaña.		
Panificadoras de campaña.		
Contenedores de basura de gran capacidad.		
Depósitos plegables.		
Aseos de campaña y depósitos ciegos.		
Material para tratamiento de aguas.	Depuradoras.	
	Potabilizadoras.	
	Pastillas y líquidos potabilizadores.	
	Filtros de agua.	

POSIBLES MEDIOS, MATERIALES Y RECURSOS A NECESITAR			
Medios materiales.	Medios materiales. Otros.	Medios sanitarios: material y transporte.	Hospitales de campaña.
			Antenas de clasificación.
			Quirófanos móviles.
			Cámaras hiperbáricas.
			Buque hospital.
			Medios sanitarios para transporte de personas.
			Material auxiliar sanitario.
		Material de protección personal y anticontaminación.	Vestuario de protección.
			Máscaras y filtros.
			Material de medición de radiación y contaminación.

Ambulancias no asistenciales.		
Ambulancias asistenciales.		
Resucitadores.		
Camillas.	Colchones inmovilizadores de vacío.	
	Camillas de campaña.	
Bactericidas y desinfectantes.	Desinfectantes. Lejía.	
	Desinfectantes. Cal.	
Fármacos.	Pastillas de Yoduro potásico.	
Vacunas y antídotos.		
Sacos de muertos.		
Ataúdes.		
Vestuario ignífugo. Aproximación fuego.		
Vestuario ignífugo. Penetración fuego.		
Vestuario antiácidos.		
Vestuario de protección radiológica.		
Trajes subacuáticos.		
Mantas metálicas.		
Dosímetros.		
Radiámetros.		
Medidores de contaminación superficial.		
Detectores de gases.		
Analizadores de gases.		

POSIBLES MEDIOS, MATERIALES Y RECURSOS A NECESITAR			
Medios materiales.	Medios materiales. Otros.	Material de protección personal y anticontaminación.	Material de descontaminación.
			Embarcaciones de descontaminación.
		Medios auxiliares.	Maquinaria y herramientas.
			Material de energía e iluminación.

Aspiradores.		
Renovadores.		
Barreras.		
Skimmer.		
Depósitos para agentes contaminantes.		
Productos dispersantes.		
Oxicorte.		
Lanzas térmicas.		
Obturadores neumáticos.		
Material de andamiaje.		
Carriles de deslizamiento.		
Material de bombeo.	Bombas universales.	
	Bombas de ácidos.	
	Bombas antideflagrantes.	
	Bombas de líquidos inflamables.	
	Bombas de succiones.	
Material de ferretería.		
Grupos electrógenos.	Grupos electrógenos transportables hasta 5 Kva.	
	Grupos electrógenos transportables de 5 a 50 Kva.	
	Grupos electrógenos transportables de más de 50 Kva.	
	Grupos electrógenos sobre vehículo de más de 50 Kva.	
Pilas de Litio de 3,6 V.		
Proyectores de iluminación autónomos.		
Grupos calefactores industriales.		

POSIBLES MEDIOS, MATERIALES Y RECURSOS A NECESITAR			
Medios materiales.	Medios materiales. Otros.	Medios auxiliares.	Material de señalización y avisos.
			Material químico.
			Combustibles.
			Material de construcción y obras públicas.

Megafonía móvil.		
Material luminoso de señalización.		
Material de señalización no luminoso.		
Explosivos.		
Antiplagas.	Insecticidas.	
	Herbicidas.	
	Fungicidas.	
	Raticidas.	
Inertizantes.	Argón.	
	Nitrógeno.	
Sal común.		
Productos químicos. Otros.	Oxígeno industrial.	
	Hipoclorito cálcico.	
	Percloroetileno.	
Gasolina		
Gasoil.		
Butano.		
Propano.		
Queroseno de aviación.		
Gasolina de aviación.		
Acetileno.		
Áridos.		
Aglomerantes.		
Hormigón.		
Asfalto.		

POSIBLES MEDIOS, MATERIALES Y RECURSOS A NECESITAR			
Medios materiales.	Medios materiales. Otros.	Medios auxiliares.	Material de comunicaciones.
			Otros medios auxiliares.
Recursos	Recursos de infraestructura y transporte.	Red de carreteras y caminos.	
		Red ferroviaria.	
		Aeropuertos.	
		Aeródromos.	
		Helipuertos y helisuperficies.	Helipuertos.
			Helisuperficies.
		Puertos marítimos.	Puertos marítimos comerciales.
			Puertos marítimos pesqueros.
			Puertos marítimos deportivos.
		Estación de autobuses.	

Vehículos de comunicaciones de emergencia.		
Sistemas de restablecimiento de telefonía.		
Repetidores transportables sintetizados de VHF.		
Repetidores transportables sintetizados de UHF.		
Equipos transportables de comunicación via satélite.		
Transceptores sintetizados de VHF portátiles.		
Transceptores sintetizados de UHF portátiles.		
Equipos de GPS (sistemas de posicionamiento por satélite).		
Estaciones meteorológicas móviles.		

POSIBLES MEDIOS, MATERIALES Y RECURSOS A NECESITAR			
Recursos	Servicios básicos.	Red eléctrica.	
		Red de suministro de gas.	
		Red de aprovisionamiento de agua potable.	
		Red de alcantarillado.	
		Red telefónica.	
		Oleoductos.	
		Gaseoductos.	
	Centros sanitarios y/o funerarios.	Establecimientos hospitalarios.	Establecimientos hospitalarios. Unidad de traumatología.
			Establecimientos hospitalarios. Unidad de quemados.
			Establecimientos hospitalarios. Banco de sangre.
			Establecimientos hospitalarios. UVI/UCI.
			Establecimientos hospitalarios. Torácico.
			Establecimientos hospitalarios. Unidad de diálisis.
			Establecimientos hospitalarios. Morgue.
			Establecimientos hospitalarios. Tratamiento de irradiados.
		Ambulatorios.	
		Tanatorios.	
		Centros anatómicos forenses.	
		Laboratorios de análisis.	Laboratorios de análisis bromatológicos.
			Centros de análisis de agua.
			Laboratorios de análisis clínicos.
	Lugares de albergue y almacenamiento.	Centros de hospedaje.	
		Centros educativos, de tercera edad, culturales y de ocio.	
		Instalaciones diáfanas cubiertas.	
		Iglesias.	
		Instalaciones no cubiertas.	Camping.
			Instalaciones deportivas.

POSIBLES MEDIOS, MATERIALES Y RECURSOS A NECESITAR			
Recursos	Centros de información, gestión y coordinación de emergencias.	Centros de gestión y coordinación de protección civil.	Centros de gestión y coordinación de protección civil de ámbito municipal.
			Centros de gestión y coordinación de protección civil de ámbito supramunicipal.
			Centros de gestión y coordinación de protección civil de ámbito autonómico.
			Centros de gestión y coordinación de protección civil de ámbito nacional.
	Medios de comunicación social.	Medios de comunicación social de ámbito nacional.	Emisoras de TV de ámbito nacional.
			Emisoras de radiodifusión de ámbito nacional.
			Prensa escrita de ámbito nacional.
			Agencias informativas.
		Medios de comunicación social de ámbito no nacional.	Emisoras de TV de ámbito no nacional.
			Emisoras de radiodifusión de ámbito no nacional.
			Prensa escrita de ámbito no nacional.
	Recursos hídricos.	Embalses.	
		Lagos y lagunas.	
		Ríos y canales.	
		Manantiales.	
		Pozos y galerías.	

Informe de la ESA

Sobre el autor

Samuel Siewert Pérez

Técnico en coordinación de emergencias en protección civil con conocimientos en la gestión de crisis y desastres naturales. A lo largo de mi carrera, he colaborado con la Policía Local de la Villa Joiosa, y con el Departamento de Protección contra Catástrofes Naturales del Ayuntamiento de Bergedorf en Alemania, en ambos sitios he adquirido conocimientos valiosos sobre la gestión de las emergencias en materia los distintos tipos desastres naturales.